国家级一流专业建设成果教材

化工类专业综合实验

刘　畅　谷和平　任晓乾　主编

化学工业出版社

·北京·

内 容 简 介

专业实验教学是化工类专业本科教育的重要环节,实验教学使学生能深入理解相关专业理论知识。在化工原理实验基础上,将单元操作的实验进行组合形成具有特定目标的化工工艺,培养学生专业实验技能和实验研究方法,提高学生分析问题和解决问题的能力。

《化工类专业综合实验》是南京工业大学多年专业实验教学实践的总结,许多实验装置均为该校教师自行设计制作。书中既包括了经典的化工专业实验,也研发了一些具有特色的实验项目。同时,在实验中加入知识拓展,讲述实验的发展、相关人物、该实验在化工生产中的重要作用等,激发学生的爱国情怀以及愿意为我国化工行业进步而努力学习的精神。本书部分实验配有实验讲解视频,另附有配套的实验报告手册。

本书可作为化学工程与工艺、资源循环科学与工程、化工安全工程等专业学生的实验教材,对化工相关行业的技术人员也具有一定的指导作用。

图书在版编目(CIP)数据

化工类专业综合实验 / 刘畅,谷和平,任晓乾主编.
—北京:化学工业出版社,2024.8
国家级一流专业建设成果教材
ISBN 978-7-122-45769-1

Ⅰ.①化… Ⅱ.①刘…②谷…③任… Ⅲ.①化工原理–实验–高等学校–教材 Ⅳ.①TQ02-33

中国国家版本馆 CIP 数据核字(2024)第 108083 号

责任编辑:吕 尤 徐雅妮	文字编辑:孙倩倩 杨振美
责任校对:宋 夏	装帧设计:关 飞

出版发行:化学工业出版社
 (北京市东城区青年湖南街 13 号 邮政编码 100011)
印 装:河北鑫兆源印刷有限公司
787mm×1092mm 1/16 印张 18¼ 字数 443 千字
2024 年 9 月北京第 1 版第 1 次印刷

购书咨询:010-64518888 售后服务:010-64518899
网 址:http://www.cip.com.cn
凡购买本书,如有缺损质量问题,本社销售中心负责调换。

前 言

化工类专业综合实验是化工专业实践性教学的重要环节。通过实验，学生能更加深入地了解所学过的化工专业理论知识，掌握化工类专业综合实验技术和实验研究方法。实验结合前期已学过的化工热力学、化学反应工程、传递和分离工程以及化工工艺等课程，每个学生安排 12～16 个专业实验，要求学生达到以下要求：

① 掌握专业实验的基本技术和操作技能；

② 学会使用专业实验的主要仪器和设备；

③ 了解本专业实验研究的基本方法；

④ 提高学生自学能力，分析问题和解决问题的能力，以及创新能力。

化工类专业综合实验不同于理论教学，也有别于基础理论课程的实验。它具有更强的化学工程与工艺背景，实验流程较长、规模较大，学生需要通过较为系统的实验室工作来培养自己的动手能力、分析问题的能力与创新思维，训练自己参加科学研究的能力。化工类专业综合实验课程安排在专业基础与技术基础课程学完以后，与其他专业课程同时进行。它要求学生有数理化和化工原理的理论基础，有物理、化学、电工、仪表等基础实验技能，通过本课程加强以化学工程与工艺为背景的综合型实验训练。

本教材在选择实验实例时，充分考虑到各专业课程的平衡，注意实验内容的典型性和先进性，并在许多实验中引入课程思政，让学生能更好地了解实验相关的背景和意义。

在安排各实验时，建议抓好以下教学环节：

(1) 实验预习 学生应根据实验中所列思考题，了解每个实验的目的、原理、装置（流程）与试剂，并对实验步骤、实验数据记录与处理方法、注意事项有所了解。教师应在学生动手实验前通过多种方式检查学生的预习情况，并记录下来，作为评分依据之一。

(2) 实验过程 在安排实验方案的基础上，精心调节实验条件，细心观察实验现象，正确记录实验数据。教师在指导时，有责任指导学生正确使用实验仪器，并督促学生严格采集实验数据，养成优良的实事求是的学风。要教育学生不得涂改记录，不得伪造数据。实验过程中教师应重视培养学生根据实验现象提出问题、分析问题的能力。

（3）实验报告　实验完成后，学生应认真独立撰写报告。实验报告应做到层次分明、数据完整、计算正确、结论明确、图表规范、讨论深入。要重视实验讨论环节，实验讨论是对学生创新思维的训练。

一个完整的专业实验过程相当于一个小型的科学研究过程，预习大体上相当于查阅文献和开题论证，实验操作相当于实验数据的测定，实验报告就是一篇小型论文。参加一次实验，要视为参加科学研究的初步训练，学生应认真对待并参与专业实验的全过程。

本教材由南京工业大学化工实验教学中心教师在原有讲义的基础上，集体编写，其中实验 1 和 17 由刘畅负责，实验 2 由朱育丹负责，实验 3 由杨祝红负责，实验 4 由吕玲红负责，实验 5、7、8 由谷和平和沈海霞负责，实验 6 由黄莉负责，实验 9 由丁健负责，实验 10 由符开云负责，实验 11、12、15、16 和 24 由任晓乾负责，实验 13 和 14 由周志伟负责，实验 18、19、21 和 22 由张立龙负责，实验 20 由周诗健负责，实验 23 由廖开明负责。全书由刘畅和谷和平整理统稿，吕安雯、项雯静、刘佳佳、陈世杰、洪楠毅和陈家扬等同学参与了格式处理，在此一并表示感谢。

编　者

2024 年 4 月

目 录

第 2 篇　化工专业实验及综合实验 / 33

第 4 章　验证型实验 / 34

第 5 章　设计型实验 / 70

第 6 章　综合型实验 / 107

第 3 篇　　实验相关数据与实验仪器　/　159

第 7 章　实验常用数据表　/　160

第 8 章　常用仪器设备的原理和使用方法　/　167

附录　/　192

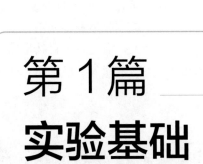

第 1 篇

实验基础

第1章

实验方案的拟定和实施

化工类专业综合实验是初步了解、学习和掌握化工科学实验研究方法的重要环节。专业实验不同于基础实验，其实验目的不仅仅是验证一个原理、观察一种现象或是寻求一个普遍适用的规律，而是有针对性地解决一个具有明确工业背景的化工问题。在实验的组织和实施方法上与科研工作十分类似，也是从查阅文献、收集资料入手，在尽可能掌握与实验项目有关的研究方法、检测手段和基础数据的基础上，通过对项目技术路线的优选、实验方案的设计、实验设备的选配、实验流程的组织与实施来完成实验工作，并通过对实验结果的分析与评价获取有价值的结论。

1.1 实验方案的拟定

实验方案是指导实验工作有序开展的一个纲要。在着手实验前，应围绕实验目的，针对研究对象的特征对实验工作的开展进行全面的规划和构想，拟定一个切实可行的实验方案。

实验方案包括：实验技术路线与方法的选择，实验内容的确定，实验方案的设计。

1.1.1 实验技术路线与方法的选择

化工类专业实验所涉及的内容十分广泛。由于实验目的不同、研究对象的特征不同，系统的复杂程度也不同，实验者要想高起点、高效率地着手实验，必须对实验技术路线与方法进行选择。

技术路线与方法的正确选择应建立在对实验项目进行系统周密的调查研究基础之上，认真总结和借鉴前人的研究成果，依靠化学工程理论的指导和科学的实验方法论，以寻求合理的技术路线、有效的实验方法，并结合实验室现有条件选择行之有效的方法。例如，乙苯脱氢制苯乙烯通常有以下方法：

① 乙烯和苯烷基化生产乙苯，乙苯催化脱氢生成苯乙烯；

② 乙苯氧化生成乙苯过氧化氢，然后与丙烯反应生成 α-苯基乙醇和环氧丙烷，α-苯基乙醇脱水生成苯乙烯；

③ 乙苯氧化生成苯乙酮，苯乙酮加氢还原成 α-苯基乙醇，α-苯基乙醇脱水生成苯乙烯；

④ 乙苯侧链乙基氯化，产物脱氯化氢生成苯乙烯；

⑤ 乙苯侧链乙基氯化，产物水解生成相应的醇，醇脱水生成苯乙烯；

⑥ 石油烃水蒸气裂解成的芳烃馏分直接萃取得苯乙烯。

目前，工业上多使用①、②生产方法，其中乙苯催化脱氢法生产的苯乙烯占世界总产量的 90%，乙苯过氧化氢法是 20 世纪 70 年代后越来越多采用的新工艺，其优点是联产环氧丙烷。③法曾被美国联合碳化物公司（UCC）工业化，后被①法取代。④、⑤法要用氯气为原料，一方面增加原料成本，另一方面，氯化及脱氯化氢等过程的腐蚀问题和氯对单体质量的影响都使工业应用前景暗淡。⑥法尚不够成熟，难度较大，成本较高。根据目前实验设备条件，选用乙苯脱氢法制苯乙烯，采用管式反应器。

1.1.2 实验内容的确定

实验的技术路线与方法确定以后，接下来要考虑实验研究的具体内容。实验内容的确定不能盲目地追求面面俱到，而应抓住课题的主要矛盾，有的放矢地开展实验。比如，同样是研究固定床反应器中的流体力学，对轴向床研究的重点是流体返混和阻力问题，而径向床研究的重点则是流体的均布问题。因此，在确定实验内容前，要对研究对象进行认真的分析，以便抓住其要害。实验内容的确定主要包括以下三个环节。

（1）实验指标的确定

实验指标是指为达到实验目的而必须通过实验来获取的一些表征实验研究对象特征的参数。如动力学研究中测定的反应速率，工艺实验测取的转化率、收率等。

实验指标的确定必须紧紧围绕实验目的。实验目的不同，研究的着眼点就不同，实验指标也就不一样。比如，同样是研究气液反应，实验目的可能有两种，一种是利用气液反应强化气体吸收，另一种是利用气液反应生成化工产品。前者的着眼点是分离气体，实验指标应确定为气体的平衡分压（表征气体净化度）、气体的溶解度（表征溶液的吸收能力）、传质速率（表征吸收和解吸速率）。后者的着眼点是生产产品，实验指标应确定为液相反应物的转化率（表征反应速率）、产品收率（表征原料的有效利用率）、产品纯度（表征产品质量）。

（2）实验因子的确定

实验因子是指那些可能对实验指标产生影响，必须在实验中直接考察和测定的工艺参数或操作条件，常称为自变量，如温度、压力、流量、原料组成、催化剂粒度、搅拌强度等。

确定实验因子必须注意两个问题。第一，实验因子必须具有可检测性，即可采用现有的分析方法或检测仪器直接测得，并具有足够的准确度。第二，实验因子与实验指标应具有明确的相关性。在相关性不明的情况下，应通过简单的预实验加以判断。

（3）因子水平的确定

因子水平是指各实验因子在实验中所取的具体状态，一个状态代表一个水平。如温度分别取 100℃、200℃，便称温度有两个水平。

选取变量水平时，应注意变量水平变化的可行域。所谓可行域，就是指因子水平的变化在工艺、工程及实验技术上所受到的限制。如在气-固相反应本征动力学的测定实验中，为消除内扩散阻力，催化剂粒度的选择有个上限；为消除外扩散阻力，操作气速的变化有个下限。温度水平的变化则应限制在催化剂的活性温度范围内，以确保实验在催化剂活性相对稳定期内进行。又如在产品制备的工艺实验中，原料浓度水平的确定应考虑原料的来源及生产前后工序的限制，从系统优化的角度，压力水平还应尽可能与前后工序的压力保持一致，以减少不必要的消耗。因此，在专业实验中，确定各变量的水平前，应充分考虑实验项目的工业背景及实验本身的技术要求，合理地确定其可行域。

1.1.3 实验方案的设计

根据已确定的实验内容，拟定一个具体的实验安排表，以指导实验的进程，这项工作称为实验设计。化工专业实验通常涉及多变量多水平的实验设计，由于不同变量不同水平所构成的实验点在操作可行域中的位置不同，对实验结果的影响程度也不一样，因此，如何安排和组织实验，用最少的实验获取最有价值的实验结果，成为实验设计的核心内容。

伴随着科学研究和实验技术的发展，实验设计方法的研究也经历了由经验向科学的发展过程。其中有代表性的是析因设计法、正交设计法和序贯设计法。

(1) 析因设计法

析因设计法又称网格法，该法的特点是以各因子各水平的全面搭配来组织实验，逐一考察各因子的影响规律。通常采用的实验方法是单因子变更法，即每次实验只改变一个因子的水平，其他因子保持不变，以考察该因子的影响。如在产品制备的工艺实验中，常采取固定原料浓度、配比、搅拌强度或进料速度考察温度的影响，或固定温度等其他条件考察浓度影响的实验方法。据此，要完成所有因子的考察，实验次数 n、因子数 N 和因子水平数 K 之间的关系为：$n = K^N$。一个 4 因子 3 水平的实验，实验次数为 $3^4 = 81$。可见，对多因子多水平系统，该法的实验工作量非常大，在对多因子多水平的系统进行工艺条件寻优或动力学测试的实验中应谨慎使用。

(2) 正交设计法

正交设计法是为了避免网格法在实验点设计上的盲目性而提出一种比较科学的实验设计方法。它根据正交配置的原则，从各因子各水平的可行域空间中选择最有代表性的搭配来组织实验，综合考察各因子的影响。

正交实验设计所采取的方法是制定一系列规格化的实验安排表供实验者选用，这种表格称为正交表。正交表的表示方法为：$L_n(K^N)$。其中 L 为正交表，n 为实验次数（实验号），K 为因子的水平数，N 为实验因子数（列号）。

$L_8(2^7)$ 表示此表最多可容纳 7 个因子，每个因子有 2 个水平，实验次数为 8。表的形式如表 1-1 所示，表中，列号代表不同的因子，实验号代表第几次实验，列号下面的数字代表该因子的不同水平。

表 1-1 正交表 $L_8(2^7)$

实验号	列号						
	1	2	3	4	5	6	7
1	1	1	1	1	1	1	1
2	1	1	1	2	2	2	2
3	1	2	2	1	1	2	2

实验号	列号						
	1	2	3	4	5	6	7
4	1	2	2	2	2	1	1
5	2	1	2	1	2	1	2
6	2	1	2	2	1	2	1
7	2	2	1	1	2	2	1
8	2	2	1	2	1	1	2

由此表可见，用正交表安排实验具有两个特点。

① 每个因子的各个水平在表中出现的次数相等。即每个因子在其各个水平上都具有相同次数的重复实验。如表中，每列对应的水平"1"与水平"2"均出现 4 次。

② 每两个因子之间不同水平的搭配次数相等。即任意两个因子间的水平搭配是均衡的。如表 1-1 中第 1 列和第 2 列的水平搭配为（1，1）、（1，2）、（2，1）、（2，2）各两次。

由于正交表的设计有严格的数学理论为依据，从统计学的角度充分考虑了实验点的代表性、因子水平搭配的均衡性，以及实验结果的精度等问题，所以，用正交表安排实验具有实验次数少、数据准确、结果可信度高等优点，在多因子多水平工艺实验的操作条件寻优和反应动力学方程的研究中经常采用。

在实验指标、实验因子和因子水平确定后，正交实验设计依如下步骤进行。

① 列出实验条件表　即以表格的形式列出影响实验指标的主要因子及其对应的水平。

② 选用正交表　因子水平一定时，选用正交表应从实验的精度要求、实验工作量及实验数据处理三方面加以考虑。

一般的选表原则是：

正交表的自由度≥（各因子自由度之和＋因子交互作用自由度之和）

其中，正交表的自由度＝实验次数－1；因子自由度＝因子水平数－1。

③ 表头设计　将各因子正确地安排到正交表的相应列中。安排因子的次序是，先排定有交互作用的单因子列，再排两者的交互作用列，最后排独立因子列。交互作用列的位置可根据两个作用因子本身所在的列数，由同水平的交互作用表查得，交互作用所占的列数等于单因子水平数减 1。

④ 制定实验安排表　根据正交表的安排将各因子的相应水平填入表中，形成一个具体的实施计划表。交互作用列和空白列不列入实验安排表，仅供数据处理和结果分析用。

（3）序贯设计法

序贯设计法是一种更加科学的实验方法。它将最优化的设计思想融入实验设计中，采取边设计、边实施、边总结、边调整的循环运作模式。根据前期实验提供的信息，通过数据处理和寻优，搜索出最灵敏、最可靠、最有价值的实验点作为后续实验的内容，周而复始，直至得到最理想的结果。这种方法既考虑了实验点因子水平组合的代表性，又考虑了实验点的最佳位置，使实验始终在效率最高的状态下运行，实验结果的精度提高，研究周期缩短。在化工过程开发的实验研究中，尤其适用于模型鉴别与参数估计类实验。

1.2 实验方案的实施

实验方案的实施主要包括：实验设备的设计与选择；实验流程的组织与实施；实验装置的安装与流程调试；实验数据的采集与测定。实验工作通常分三步进行。首先是根据实验的内容和要求，设计、选用和制作实验所需的主体设备及辅助设备。然后，围绕主体设备构想组织实验流程，解决原料的位置、净化、计量和输送问题，以及产物的采样、收集、分析和后处理问题。最后，根据实验流程，进行设备、仪表、管线的安装和调试，完成全流程的贯通，进入正式实验阶段。

1.2.1 实验设备的设计和选择

实验设备的合理设计和正确选用是实验工作得以顺利进行的关键。化工专业实验所涉及的实验设备主要分为两大类，一是主体设备，二是辅助设备。主体设备是实验工作的重要载体，辅助设备则是主体设备正常运行及实验流畅的保障。

(1) 主体设备

化工专业实验的主体设备主要分为反应设备、分离设备、物性测试设备等几大类。随着化工实验技术的不断积累与完善，已形成了多种结构合理、性能可靠、各具特色的专用实验设备，可供实验者参考选用。

实验的主体设备设计与选择应从实验项目的技术要求、实验对象的特征以及实验本身的特点三方面加以考虑，力求做到结构简单多用、拆装灵活方便、易于观察测控、便于操作调节、数据准确可靠。

根据研究对象的特征合理地设计和选择实验设备，使实验设备在结构和功能上满足实验的技术要求，是实验设备设计和选择中首先应该遵循的原则。

如果实验的性质属于探索性的，实验者对所研究的对象知之甚少，希望通过实验来初步了解对象时，设备的设计应以测定快速简便、结果灵敏可信为原则，而不必苛求数据的精确度。比如在对化学吸收剂或配方进行初步的筛选时，不必准确地测定吸收剂的相平衡关系和传质速率，只需在相同的条件下，对不同吸收剂的吸收速率、解吸速率和吸收能力进行对比实验即可。

除了满足实验项目的技术要求外，实验设备的设计和选择还应充分考虑实验工作本身灵活多变的特点。在设备的结构设计上，力求做到拆装方便、尺寸可调、一体多用。在材质选择上，力求做到使用安全、便于观察、易于加工。在调控手段上，力求便于操作和自动控制。如设计实验室常用的精馏塔时，在材质选择上，只要操作压力允许，应优先选择玻璃，因为玻璃既便于观察实验现象又便于加工成型。在结构设计上，通常采用可拆卸的分段组装式设计，将精馏塔分为塔釜、塔身、塔头、加料装置等若干部分。其中，塔身又分为若干段，以便根据需要调整其长短，塔头、塔釜和加料装置则只要磨口尺寸一致，即可灵活搭配、一塔多用。在回流比的调控手段上，采用可自动控制的电磁摆针式控制方法，通过控制导流摆针在出料口和塔中心停留时间的比值来控制回流比。

（2）辅助设备

专业实验所用的辅助设备主要包括动力设备和换热设备。动力设备主要用于物料的输送和系统压力的调控，如离心泵、计量泵、真空泵、气体压缩机、鼓风机等。换热设备主要用于温度的调控和物料的干燥，如管式电阻炉、超级恒温槽、电热烘箱、马弗炉等。辅助设备通常为定型产品，可根据主体设备的操作控制要求及实验物系的特性来选择。选择时，一般是先定设备类型，再定设备规格。

动力设备类型的确定，主要是根据输送介质的物性和系统的工艺要求。如果工艺要求的输送流量不大，但输出压力较高，对液体介质，应选用高压计量泵或比例泵；对气体介质，应选用气体压缩机。如果被输送的介质温度不高，工艺要求流量稳定，输入和输出的压差较小，可选用离心泵或鼓风机。如果输送腐蚀性的介质，则应选择耐腐蚀泵。由于实验室的装置一般比较小，原料和产物的流量较低，对流量的控制要求较高，因此，近年来有许多微型或超微型的计量泵和离心泵问世，如超微量平流泵、微量蠕动泵等，可根据需要选用。动力设备的类型确定后，再根据各类动力设备的性能、技术特征及使用条件，结合具体的工艺要求确定设备的规格与型号。

换热设备的选择主要根据对象的温度水平和控温精度的要求。对温度水平要求不太高（$T < 250℃$），但控温精度要求较高的系统，一般采用液体恒温浴来控温。换热设备可选用具有调温和控温双重功能的定型产品，如超级恒温槽、低温恒温槽等。常用的换热介质及其适用温度列于表1-2。

表 1-2　常用的换热介质及其适用温度

介质	适用温度/℃	介质	适用温度/℃
导热油	100～300	20%盐水	−5～−3
甘油	80～180	乙醇	−25～−10
水	5～80		

对温度水平要求较高的系统，通常采用直接电加热的方式换热，常用的定型设备有不同型号的电热锅、管式电阻炉（温度可高达950℃）等，实验室中，也常采取在设备上直接缠绕电热丝、电热带或涂敷导电膜的方法加热或保温。直接电加热系统的温度控制，是通过温度控制仪表来实现的，控制的精度取决于控制仪表的工作方式（位式、PID、AI）、控制点的位置、测温元件的灵敏度和控制仪表的精密度。

控温的精度要求一般是根据实验指标的精度要求提出的。如在反应速率常数的测定实验中，如果反应的活化能在900kJ/mol左右，测试温度400℃左右，要保持反应速率常数的相对误差小于2%，则催化床内温度变化必须控制在±0.5℃以内。

1.2.2　实验流程的组织

实验流程是由实验的主体设备、辅助设备、分析检测设备、控制仪表、管线和阀门等构成的一个整体。实验流程的组织，包括原料供给系统的配置、产品收集和采样分析方法的选择、物流路线的设计、仪器仪表的选配。

（1）原料供给系统的配置

原料供给系统的配置包括原料制备、净化、计量和输送方法的确定，以及原料加料方式的选择。分述如下。

① 原料的制备　在实验室中，液体原料一般直接选用化学试剂配制。气体原料有两种来源：一是直接选用气体钢瓶，如 CO、CO_2、H_2、N_2 等；二是用化学药品制备气体，如用硫酸和硫化钠制备 H_2S 气体，用甲酸在硫酸中热分解制备 CO 等。气体混合物是将各种气体分别计量后混合而成的。为减小原料配比变化对系统的影响，如能精确控制和计量各种气体的流量，则应将气体分别输送，仅在反应器入口处相互混合。若不能精确控制流量，则应预先将气体配制成所需的组成，贮于原料罐备用。气体与溶剂蒸气的混合物的制备可采用两种方法：一是将定量的溶剂注入汽化器中完全汽化后再与气体混合；二是让气体通过特制的溶剂饱和器，被溶剂蒸气饱和。混合气体中蒸气的含量，可通过饱和器的温度来调节。

② 原料的净化　气体净化通常采用吸附和吸收的方法，如用活性炭脱硫，用硅胶或分子筛脱水，用酸碱液脱除碱雾或酸雾等。有时也利用反应来除杂，如用铜屑脱氧。当找不到合适的净化剂时，可直接选用反应的催化剂来净化原料气，即在反应器前预置一段催化剂，使之在活性温度以下操作，对毒物产生吸附作用而无催化活性。液体净化通常采用精馏、吸附、沉淀的方法，如用活性炭脱色，用重蒸法提纯溶剂，用硫化物沉淀法脱重金属离子等。

③ 原料的计量　计量是原料组成配制和流量调控的重要手段。准确的计量必须在流量稳定的状况下进行，因此，计量由稳压稳流装置和计量仪表两部分构成。实验室中，气体稳压常用水位稳压管或稳压器，前者用于常压系统，后者用于加压或高压系统。液体稳压常用高位槽。气体流量的计量可根据不同情况选用转子流量计、质量流量计、毛细管流量计、皂膜流量计或湿式流量计。液体计量一般选用转子流量计、计量泵。

④ 加料方式　原料加料方式可分为连续式、半连续式和间歇式，加料方式的选择一般从实验项目的技术要求、实验设备的特点、实验操作的稳定性和灵活性等方面加以考虑。比如，测定反应动力学时，无论是管式等温反应器还是无梯度反应器都必须在连续状态下操作。而用双磁力驱动搅拌反应器测定气液传质系数时，由于设备的特点是传质界面小、液相容积大，故用于化学吸收时，液相组成随时间变化不大，可采用气相连续、液相间歇的半连续加料方式。用于溶解度较小的物理吸收时，溶液组成容易接近平衡，气、液相均应连续操作。

在反应器的操作中，加料方式常用来满足两方面的要求。其一，反应选择性的要求，即通过加料方式调节反应器内反应物的浓度，抑制副反应。其二，操作控制的要求，即通过加料量来控制反应速率，以缓解操作控制上的困难。如对强放热的快反应，为了抑制放热强度，使温度得以控制，常采用分批加料的方法控制反应速率。

(2) 产品的收集与分析

① 产品的收集　产品的正确收集与处理不仅是为了分析的需要，也是实验室安全与环保的要求。在实验室中，气体产品的收集和处理一般采用冷凝、吸收或直接排放的方法。对常温下可以液化的气体采用冷凝法收集，如由 CO、CO_2 和 H_2 合成的甲醇，乙苯脱氢制取的苯乙烯，以及各种精馏产品。对不凝性气体则采用吸收或吸附的方法收集，如用水吸收 HCl、NH_3、环氧乙烷等气体，用碱液吸收或 NaOH 固体吸附的方法固定 CO_2、H_2S、SO_2 等酸性气体等。对固体产品一般通过固液分离、干燥等方法收集。实验室常用的固液分离方法有两种。一是过滤，即用布式漏斗或玻璃砂芯漏斗真空抽滤，或用小型板框压滤，玻璃砂芯漏斗有多种型号可供选用。二是高速离心沉降。具体选用哪种方法应视情况而定：若溶剂极易挥发，晶体又比较细小，应采用压滤；若晶体极细且易黏结，过滤十分困难，可采用高

速离心沉降。

② 产品的采样分析　产品的采样分析应注意三个问题，一是采样点的代表性，二是采样方法的准确性，三是采样对系统的干扰性。对连续操作的系统应正确选择采样位置，使之最具代表性。对间歇操作的系统应合理分配采样时间，在反应结果变化大的区域，采样点应密集一些，在反应平缓区可稀疏一些。

在实验中，对采样方法应予以足够的重视。尤其是对于气体和易挥发的液体产品，采样时应设法防止其逸出。对气体样品通常采用吸收或吸附的方法进行固定，然后进行化学分析。色谱分析时，一般直接在线采样或橡皮球采样。对固体样品应预先干燥并充分混合后再采样。

由于实验装置通常较小，可容纳的物料十分有限，所以，分析用的采样量对系统的干扰不可忽视。尤其是对于间歇操作的系统，采样不当，不仅会影响系统的稳定，有时还会导致实验的失败。比如，在密闭系统中进行气液平衡数据的测定时，气相采样不当，会对器内压力产生明显的干扰，破坏系统的平衡。

1.2.3　实验装置的安装与流程调试

实验装置的正确安装与流程调试是确保实验数据的准确性、实验操作的安全性和实验布局的合理性的重要环节。装置的安装与调试涉及设备、管道、阀门和仪器仪表等几方面。在化工专业实验中，由于化工专业实验所涉及的研究对象性质十分复杂（易燃、易爆、腐蚀、有毒、易挥发等），实验的内容范围较广（涉及反应、分离、工艺、设备性能、热力学参数的测定），实验的操作条件也各不一样（高温、高压、真空、低温等），因此，实验装置的布局、设备仪表的安装与调试，应根据实验过程的特点、实验设备的多少以及实验场地的大小来合理安排。在满足实验要求的前提下，力争做到布局合理美观、操作安全方便、检修拆卸自如。

装置的安装与流程调试大致分为四步：①搭建设备安装架，安装架一般由设备支架和仪表屏组成；②在安装架上依流程顺序布置和安装主要设备及仪器仪表；③围绕主要设备，依运行要求布置动力设备和管道；④依实验要求调试仪表及设备，标定有关设备及操作参数。

（1）实验设备的布置与安装

① 静止设备　此类设备原则上依流程的顺序，按工艺要求的相对位置和高度，并考虑安全、检修和安装的方便，依次固定在安装架上。设备的平面布置应前后呼应，连续贯通。立面布置应错落有致，紧凑美观。设备之间应保持一定距离，以便设备的安装与检修，并尽可能利用设备的位差或压差促成流体的流动。

设备安装架应尽可能靠墙安放，并靠近电源和水源。安装设备时应先主后辅，主体设备定位后，再安装辅助设备，同时应注意设备管口的方位以及设备的垂直度和水平度。管口方位应根据管道的排列、设备的相对位置及操作的方便程度来灵活安排，取样口的位置要便于观察和取样。对塔设备的安装应特别注意塔体的垂直，因为塔体的倾斜将导致塔内流体的偏流和壁流，使填料润湿不均，塔效率下降。水平安装的冷凝器应向出口方向适当倾斜，以保证凝液的排放。设备内填充物（如催化剂、填料等）的装填应小心仔细，填充物应分批加入，边加边振动，防止架桥现象。装填完毕，应在填料段上方采取压固措施，即用较大填料或不锈钢丝网等将填充物压紧，以防操作时流体冲翻或带走填充物。

② 动力设备 由于此类设备（如空压机、真空泵、离心机等）运转时伴有振动和噪声，安装时应尽可能靠近地面并采取适当的隔离措施。离心泵的进口管线不宜过长过细，不宜安装阀门，以减小进口阻力。安装真空泵时，应在进口管线上设置干燥器、缓冲瓶和放空阀。若系统中含有烃类溶剂或操作温度较高，还应在泵前加设冷阱，用水、干冰或液氮冷凝溶剂蒸气，防止其被吸入真空泵，造成泵的损坏。但应注意冷阱温度不得低于溶剂的凝固点。实验室常用的旋片式真空泵的进口管线的安装次序为：设备→冷阱→干燥器→放空阀→缓冲瓶→真空泵。放空阀的作用是停泵前让缓冲瓶通大气，防止真空泵中的机油倒灌。

(2) 测量元件的安装

正确使用测量仪表或在线分析仪器的关键是测量点、采样点的合理选择及测量元件的正确安装。因为测量点或采样点所采集的数据是否具有代表性和真实性，对操作条件的变化是否足够灵敏，将直接影响实验结果的准确性和可靠性。

实验室常用的测温手段有：①用玻璃温度计直接测量；②用配有指示仪表的热电偶、铂电阻测温。为使用安全，一般温度计和热电偶不直接与物料接触，而是插在装有导热介质的套管中间接测温。测温点的位置及测温元件的安装方法，应根据测量对象的具体情况来合理选择。如在直流式等温积分反应器中进行气固相反应动力学的测试时，反应温度的测量和控制十分重要。测取反应器温度的方法有三种：①在厚壁电加热套管与反应管之间采温，以夹层温度代替反应温度；②将热电偶插在反应器中心套管内，拉动热电偶测取不同位置的床层温度；③将热电偶直接插在催化床层内测温。三种方法各有利弊，应根据反应热的强弱、反应管尺寸的大小灵活选择。一般对管径较小的微型反应器，不宜采用方法②，因为热电偶套管占用的管截面比例较大，容易造成壁效应，影响器内流型。

压力测量点的选择要充分考虑系统流动阻力的影响，测压点应尽可能靠近希望控制压力的地方。如真空精馏中，为防止釜温过高引起物料的分解，采用减压的方法来降低物料的沸点。这时，釜温与塔内的真空度相对应，操作压力的控制至关重要。测压点设在塔釜的气相空间是最安全、最直接的。若设在塔顶冷凝器上，则所测真空度不能直接反映塔釜状况，还必须加上塔内的流动阻力。如果流动阻力很大，则尽管塔顶的真空度高，釜压仍有可能超标，因此是不安全的。通常的做法是用 U 形管压差计同时测定塔釜的真空度和塔内压降。

流量计的安装要注意流量计的水平度或垂直度，以及进出流体的流向。

(3) 实验流程的调试

实验装置安装完毕后，要进行设备、仪表及流程的调试工作。调试工作主要包括系统气密性试验、仪器仪表的校正和流程试运行。

① 系统气密性试验 系统气密性试验包括试漏、查漏和堵漏三项工作。对压力要求不太高的系统，一般采用负压法或正压法进行试漏，即对设备和管路充压或减压后，关闭进出口阀门，观察压力的变化。若发现压力持续降低或升高，说明系统漏气。查漏工作应首先从阀门、管件和设备的连接部位入手，采取分段检查的方式确定漏点。其次，再考虑设备材质中的砂眼问题。堵漏一般采用更换密封件、紧固阀门或连接部件的方法。对真空系统的堵漏，实验室常采用真空封泥或各种型号的真空脂。

对高压系统（$p \geqslant 10\text{MPa}$），应进行水压试验，以考核设备强度。水压试验一般要求水温大于 5℃，试验压力大于 1.25 倍设计压力。试验时逐级升压，每个压力级别恒压半小时以上，以便查漏。

② 仪器仪表的校正　由于待测物料的性质不同，仪器仪表的安装方式不同，以及仪表本身的精度等级和新旧程度不一，都会给仪器仪表的测量带来系统误差，因此，仪器仪表在使用前必须进行标定和校正，以确保测量的准确性。

③ 流程试运行　试运行的目的是检验流程是否贯通，所有管件阀门是否灵活好用，仪器仪表是否工作正常，指示值是否灵敏、稳定，开停车是否方便，有无异常现象。试车前应仔细检查管道是否连接到位，阀门开闭状态是否合乎运行要求，仪器仪表是否经过标定和校正。试运行一般采取先分段试车、后全程贯通的方法。

(4) 设备及操作参数的标定

实验设备安装到位，流程贯通后，接下来一项必不可少的工作就是设备及操作参数的标定。标定的目的是防止和消除设备的使用及操作运行中可能引入的各种系统误差，对确保实验数据的准确性至关重要，应予以充分重视。

① 设备参数的标定　在化工专业实验中，由于实验所研究的对象和系统十分复杂，为了达到实验的主要目的，必须对系统作适当的简化，因而提出一些假设条件。而这些假设条件往往要通过固定实验设备的某些参数来实验。因此，实验前，必须对这些参数进行标定，以防止引入系统误差。

例如，精馏实验，正式实验进行之前需标定精馏塔的最小理论塔板数。通常选择一常见体系进行全回流操作，当操作稳定时，可取塔顶产物和塔釜产物，分析其组成 x_D 和 x_W。由文献数据求得平均相对挥发度 α，再按芬斯克方程：

$$N_{\min} = \ln\left[\left(\frac{x_D}{1-x_D}\right)\left(\frac{1-x_W}{x_W}\right)\right]\frac{1}{\ln\alpha} \tag{1-1}$$

可计算出最小理论塔板数。

② 操作参数的标定　化工专业实验中，为了满足实验的特殊要求，测得准确可信的实验数据，除了要对设备参数进行标定外，往往还要对操作参数的可行域进行界定，这项工作也必须通过预实验来完成。

比如，用直流等温管式反应器测定本征动力学时，要求消除器内催化剂内、外扩散的影响。采取的措施是增大气体流速，减小催化剂粒度。那么，针对一个具体的反应，究竟多大的气速、多小的催化剂粒度才能满足要求呢？这就需要通过预实验来确定。

③ 实验调控装置的标定　实验研究中，为了模拟和实现某种操作状态，往往会采取一些特殊的实验手段，而这些手段也有可能引入系统误差，需要通过标定加以消除。如实验室中小型玻璃精馏塔的回流比常采用电磁摆针式控制方法，即通过控制导流摆针在出料口和回流口停留时间的比例来调节回流比。由于采用时间控制，回流是不连续的，在相同的停留时间内，实际回流量与上升蒸汽量、塔头结构、导流摆针的粗细和摆动的距离以及定时器给定的时间间隔的长短等诸多因素有关，所以，时间控制器给出的时间比与实际的回流比并不完全一致。为了避免由此产生的系统误差，精馏塔使用前必须对回流比进行标定。标定的方法是，选择一种标准溶液（如乙醇、水、苯），固定塔釜加热量，在全回流下操作稳定后，切换为全采出，并测定全采出时的馏出速度 U_1（mL/h），然后在不同的回流时间比的条件下，测定部分回流时的馏出速度（塔顶出料速度）U_2（mL/h）。据此，可根据式（1-2）求得实际回流比 R：

$$R = \frac{U_1 - U_2}{U_2} \qquad (1\text{-}2)$$

将实际回流比 R 对回流时间比 R_0 作图，得到校正曲线，以备查用。实际操作时，为避免切换时间间隔太短，摆针来不及达到最佳位置而引入误差，一般以出料时间 3s 左右为基准，改变回流时间来计算回流比。

第2章

实验数据误差分析和处理

实验研究的目的，是期望通过实验数据获得可靠的、有价值的实验结果。而实验结果是否可靠，是否准确，是否真实地反映了对象的本质，不能只凭经验和主观臆断，必须应用科学的、有理论依据的数学方法加以分析、归纳和评价。因此，掌握和应用误差理论、统计理论和科学的数据处理方法是十分必要的。

2.1　实验数据的误差分析

2.1.1　误差的分类与表达

（1）误差的分类

实验误差根据其性质和来源不同可分为三类：系统误差、随机误差和过失误差。

系统误差由仪器误差、方法误差和环境误差构成，即仪器性能欠佳、使用不当、操作不规范以及环境条件的变化引起的误差。系统误差是实验中潜在的弊端，若已知其来源，应设法消除。若无法在实验中消除，则应事先测出其数值大小和规律，以便在数据处理时加以修正。

随机误差是实验中普遍存在的误差，这种误差从统计学的角度看，它具有有界性、对称性和抵偿性，即误差仅在一定范围内波动，不会发散，当实验次数足够大时，正、负误差将相互抵消，数据的算术均值将趋于真值。因此，不宜也不必去刻意地消除它。

过失误差是由实验者的主观失误造成的显著误差。这种误差通常造成实验结果的扭曲。在原因清楚的情况下，应及时消除。若原因不明，应根据统计学的 3σ 准则进行判别和取舍（σ 称为标准误差）。所谓 3σ 准则，即如果实验测定量 x_i 与平均值 $\bar{x}$ 的残差 $|x_i - \bar{x}| > 3\sigma$，则该测定值为坏值，应予以剔除。

（2）误差的表达

① 数据的真值　实验测量值的误差是相对于数据的真值而言的。严格地讲，真值应是某量的客观实际值。然而，在通常情况下，绝对的真值是未知的，只能用相对的真值来近

似。在化工专业实验中，常采用三种绝对真值，即标准器真值、统计真值和引用真值。

标准器真值，就是用高精度仪表的测量值作为低精度仪表测量值的真值。要求高精度仪表的测量精度必须是低精度仪表的 5 倍以上。

统计真值，就是用多次重复实验测量值的平均值作为真值。重复实验次数越多，统计真值越趋近实际真值，由于趋近速度是先快后慢，故重复实验的次数取 3～5 次即可。

引用真值，就是引用文献或手册上那些已被前人的实验证实，并得到公认的数据作为真值。

② 绝对误差与相对误差　绝对误差与相对误差在数据处理中被用来表示物理量的某次测定值与其真值之间的误差。

绝对误差的表达式为

$$d_i = |x_i - X| \tag{2-1}$$

相对误差的表达式为

$$r_i = \frac{|d_i|}{X} \times 100\% = \frac{|x_i - X|}{X} \times 100\% \tag{2-2}$$

式中　x_i——第 i 次测定值；

$\quad\quad X$——真值。

③ 算术均差和标准误差　算术均差和标准误差在数据处理中被用来表示一组测量值的平均误差。其中，算术均差的表达式为

$$\delta = \frac{\sum\limits_{i=1}^{n} |x_i - \overline{x}|}{n} = \frac{\sum\limits_{i=1}^{n} |d_i|}{n} \tag{2-3}$$

式中　n——测量次数；

$\quad\quad x_i$——第 i 次测定值；

$\quad\quad \overline{x}$——n 次测定值的算术均值。

算术均值表达式为

$$\overline{x} = \frac{\sum\limits_{i=1}^{n} x_i}{n} \tag{2-4}$$

在有限次数（n）的实验中，标准误差 σ（又称均方根误差）的表达式为

$$\sigma = \sqrt{\frac{\sum (x_i - \overline{x})^2}{n-1}} \tag{2-5}$$

算术均差和标准误差是实验研究中常用的精度表示方法。两者相比，标准误差能够更好地反映实验数据的离散程度，因为它对一组数据中的较大误差或较小误差比较敏感，因而，在化工专业实验中被广泛采用。

(3) 仪器仪表的精度与测量误差

仪器仪表的测量精度常采用精确度等级来表示，如 0.1、0.2、0.5、1.0、1.5、2.5、5.0 级电流表、电压表等。而所谓的仪表等级实际上是仪表测量值的最大相对误差（百分数）的一种实用表示方法，称为引用误差。引用误差的定义为

$$引用误差 = \frac{仪表指示值的最大绝对误差}{仪表满刻度值} \times 100\% \tag{2-6}$$

若以 $p\%$ 表示某仪表的引用误差，则该仪表的精度等级为 p 级。精度等级 p 的数值愈大，说明引用误差愈大，测量的精度等级愈低。这种关系在选用仪表时应注意。从引用误差的表达式可见，它实际上是仪表测量值为满刻度值时相对误差的特定表示方法。

在仪表的实际使用中，由于被测值的大小不同在仪表上的示值不一样，这时应如何来估算不同测量值的相对误差呢？假设仪表的精度等级为 p 级，表明引用误差为 $p\%$，若满量程值为 M，测量点的指示值为 m，则测量值的相对误差 E_r 的计算式为

$$E_r = \frac{M \times p\%}{m} \tag{2-7}$$

可见，仪表测量值的相对误差不仅与仪表的精度等级 p 有关，而且与 M 和测量值 m，即比值 M/m 有关。因此，在选用仪表时应注意如下两点：

① 当待测值一定，选用仪表时，对精度等级和仪表量程进行合理选择。不能盲目追求仪表的精度等级，应兼量程的选择，一般原则是，尽可能使测量值落在仪表满刻度值的三分之二处，即 $M/m = 3/2$ 为宜。

② 选择仪表的一般步骤是：首先根据待测值 m 的大小，依 $M/m = 3/2$ 的原则确定仪表的量程 M，然后，根据实验允许的测量值相对误差依式（2-8）确定仪表的最低精度等级 p，即

$$p\% = \frac{m \times E_r}{M} = \frac{2}{3} \times E_r \tag{2-8}$$

最后，根据上面确定的 M 和 $p\%$，从可供选择的仪表中选配精度合适的仪表。

【例 2-1】 若待测电压为 100V，要求测量值的相对误差不得大于 2.0%，选用哪种规格的仪表？

解　依题意已知，$m = 100$，$E_r = 2.0\%$ 则仪表的适宜量程为：

$$M = \frac{3}{2}m = \frac{3}{2} \times 100 = 150$$

仪表的最低精度等级为：

$$p\% = \frac{2}{3}E_r = \frac{2}{3} \times 2.0\% = 1.33\%$$

根据上述计算结果，参照仪表的等级规范，可见，选用 1.0 级 0～150V 的电压表是比较合适的。

2.1.2　误差的传递

前述的误差计算方法主要用于实验直接测定量的误差估计。但是，在化工专业实验中，通常希望考察的并非直接测定量而是间接的响应量。如反应动力学方程的测定实验中，反应速率常数 $k = k_0 \mathrm{e}^{-E_a/(RT)}$ 就是温度的间接响应值。由于响应值是直接测定值的函数，因此，直接测定值的误差必然会传递给响应值。那么，如何估计这种误差的传递呢？

(1) 误差传递的基本关系式

设某响应值 y 是直接测量值 x_1，x_2，…，x_n 的函数，即

$$y = f(x_1, x_2, \cdots, x_n) \tag{2-9}$$

由于误差相对于测定量而言是较小的量，因此可将上式依泰勒级数展开，略去二阶导数

以上的项，可得函数 y 的绝对误差 Δy 表达式：

$$\Delta y = \frac{\partial f}{\partial x_1}\Delta x_1 + \frac{\partial f}{\partial x_2}\Delta x_2 + \cdots + \frac{\partial f}{\partial x_n}\Delta x_n \qquad (2\text{-}10)$$

式中，Δx_1，Δx_2，$\cdots$，Δx_n 表示直接测量值的绝对误差；$\partial f / \partial x_i$ 称为误差传递系数。此式即为误差的传递公式。

(2) 函数误差的表达

由式（2-10）可见，函数的误差 Δy 不仅与各测量值的误差有关而且与相应的误差传递系数有关。实际上有相互抵消的可能，为保险起见，将各分量误差取绝对值差为

$$\Delta y = \sum_{i=1}^{n} \left| \frac{\partial f}{\partial x_i}\Delta x_i \right| \qquad (2\text{-}11)$$

据此，可求得函数的相对误差为

$$\frac{\Delta y}{y} = \sum_{i=1}^{n} \left| \frac{\partial f}{\partial x_i} \times \frac{\Delta x_i}{y} \right| \qquad (2\text{-}12)$$

当各测定量对响应量的影响相互独立时，响应值的标准误差为

$$\sigma_y = \sqrt{\sum_{i=1}^{n} \left(\frac{\partial f}{\partial x_i} \right)^2 \sigma_i^2} \qquad (2\text{-}13)$$

式中，σ_i 为各直接测量值的标准误差；σ_y 为响应值的标准误差。

根据误差传递的基本公式，可求取不同函数形式的实验响应值的误差及其精度，以便对实验结果作出正确的评价。

【例 2-2】在测定反应动力学反应速率常数的实验中，若温度测量的绝对误差为 ΔT，标准误差为 σ_T，试求反应速率常数 k 的绝对误差 Δk 和标准误差 σ_k 表达式。又若反应的频率因子为 $k_0 = 10^8$，活化能 $E_a = 90\text{kJ/mol}$，当实验温度为 400℃，$\Delta T = 0.5$，$\sigma_T = 1$ 时，求 Δk 和 σ_k 的大小及反应速率常数的相对误差。

解　已知反应速率常数与温度的关系为

$$k = k_0 \mathrm{e}^{-E_a/(RT)}$$

根据误差传递公式，可得

$$\Delta k = \frac{\partial k}{\partial T}\Delta T = \frac{E_a}{RT^2}k_0 \mathrm{e}^{\frac{-E_a}{RT}}\Delta T$$

$$\sigma_k = \sqrt{\left(\frac{\partial k}{\partial T} \right)^2 \sigma_T^2} = \frac{E_a}{RT^2}k_0 \mathrm{e}^{\frac{E_a}{RT}}\sigma_T$$

当 $T = 400$℃，$\Delta T = 0.5$，$\sigma_T = 1$ 时，

$$k = 10^8 \times \mathrm{e}^{\frac{-90000}{8.314 \times 673.15}} = 10.375$$

$$\Delta k = \frac{90000}{8.314 \times 673.15^2} \times 10^8 \times \mathrm{e}^{\frac{-90000}{8.314 \times 673.15}} \times 0.5 = 0.124$$

$$\sigma_k = \frac{90000}{8.314 \times 673.15^2} \times 10^8 \times \mathrm{e}^{\frac{-90000}{8.314 \times 673.15}} \times 1 = 0.248$$

反应速率常数 k 的相对误差为

$$\frac{\Delta k}{k} = \frac{0.124}{10.375} = 0.012 = 1.20\%$$

可见，由于误差传递过程的放大效应，反应速率常数的相对误差是温度测量值的相对误差（0.5/400＝0.00125）的近 10 倍。

2.2　实验数据的处理

实验数据的处理是实验研究工作中的一个重要环节。由实验获得的大量数据，必须经过正确分析、处理和关联，才能清楚地看出各变量间的定量关系，从中获得有价值的信息与规律。实验数据的处理是一项技巧性很强的工作。处理方法得当，会使实验结果清晰而准确，否则，将得出模糊不清甚至错误的结论。实验数据处理常用的方法有三种：表列法、图示法和回归公式法。

2.2.1　表列法

表列法是将实验的原始数据、运算数据和最终结果直接列举在各类数据表中以展示实验成果的一种数据处理方法。根据记录的内容不同，数据表主要分为两种：原始数据记录表和实验结果表。其中原始数据记录表是在实验前预先制定的，记录的内容是未经任何运算处理的原始数据。实验结果表记录了经过运算和整理得出的主要实验结果，该表的制定应简明扼要，直接反映主要实验指标与操作参数之间的关系。

2.2.2　图示法

图示法是以曲线的形式简单明了地表达实验结果的常用方法。由于图示法能直观地显示变量间存在的极值点、转折点、周期性及变化趋势，尤其在数学模型不明确或解析计算有困难的情况下，图示求解是数据处理的有效手段。

图示法的关键是坐标的合理选择，包括坐标类型与坐标刻度的确定。坐标选择不当，往往会扭曲和掩盖曲线的本来面目，导致错误的结论。

坐标类型选择的一般原则是尽可能使函数的图形线性化。即线性函数 $y=a+bx$，选用直角坐标纸，指数函数 $y=a^{bx}$，选用半对数坐标纸，幂函数 $y=ax^b$，选用对数坐标纸。若变量的数值在实验范围内发生了数量级的变化，则该变量应选用对数坐标来标绘。

确定坐标分度标值可参照如下原则。

① 坐标的分度应与实验数据的精度相匹配。即坐标读数的有效数字应与实验数据的有效数字的位数相同。换言之，就是坐标的最小分度值的确定应以实验数据中最后一位可靠数字为依据。

② 坐标比例的确定应尽可能使曲线主要部分的切线与 X 轴和 Y 轴的夹角成 45°。

③ 坐标分度值的起点不必从零开始，一般取数据最小值的整数为坐标起点，以略高于数据最大值的某一整数为终点，使所标绘的图线位置居中。

2.2.3　回归公式法

回归公式法就是采用数学手段，将离散的实验数据回归成某一特定的函数形式，用以表达变量之间的相互关系，这种数据处理方法又称为回归分析法。

在化工过程开发的实验研究中，涉及的变量较多，这些变量处于同一系统中，既相互联系又相互制约，但是由于受到各种无法控制的实验因素（如随机误差）的影响，它们之间的关系不能像物理定律那样用确切的数学关系式来表达，只能从统计学的角度来寻求其规律。变量间的这种关系称为相关关系。

回归分析是研究变量间相关关系的一种数学方法，是数理统计学的一个重要分支。用回归分析法处理实验数据的步骤是：第一，选择和确定回归方程的形式（即数学模型）；第二，用实验数据确定回归方程中的模型参数；第三，检验回归方程的等效性。

(1) 确定回归方程

回归方程形式的选择和确定有三种方法：

① 根据理论知识、实践经验或前人的类似工作，选定回归方程的形式。

② 先将实验数据标绘成曲线，观察其接近于哪一种常用函数的图形，据此选择方程的形式。

③ 先根据理论和经验确定几种可能的方程形式，然后用实验数据分别拟合，并运用概率论、信息论的原理模型对其进行筛选，以确定最佳模型。

(2) 模型参数的估计

当回归方程的形式（即数学模型）确定后，要使模型能够真实地表达实验的结果，必须用实验数据对方程进行拟合，进而确定方程中的模型参数，如对于线性方程 $y=a+bx$，其待估参数为 a 和 b。

参数估值的指导思想是：由于实验中各种随机误差的存在，实验响应值 y_i 与数学模型的计算值 $\hat{y}$ 不可能完全吻合，但可以通过调整模型参数，使模型计算值尽可能逼近实验数据，使两者的残差（$y_i - \hat{y}$）趋于最小，从而达到最佳的拟合状态。

根据这个指导思想，同时考虑到不同实验点的正负残差有可能相互抵消，影响拟合的精度，拟合过程采用最小二乘法进行参数估值，即选择残差平方和最小为参数估计值的目标函数，其表达式为

$$Q = \sum_{i=1}^{n} (y_i - \hat{y})^2 \rightarrow Q_{\min} \tag{2-14}$$

最小二乘法可用于线性或非线性。参数或多参数数学模型的参数估计，其求解的一般步骤为：

① 将选定的回归方程线性化。对复杂的非线性函数，应尽可能采取变量转换或分段线性化的方法，使之转化为线性函数。

② 将线性化的回归方程代入目标函数 Q。然后对目标函数求极值，即将目标函数分别对待估参数求偏导数，并令导数为零，得到一组与待估参数个数相等的方程，称为正规方程。

③ 由正规方程组联立求解出待估参数。

如用最小二乘法对二参数一元线性函数 $y=a+bx$ 进行参数估值，其目标函数为

$$Q = \sum_{i=1}^{n} (y_i - \hat{y})^2 = \sum_{i=1}^{n} \left[y_i - (a + bx_i) \right]^2 \tag{2-15}$$

式中　$\hat{y}$ ——回归方程计算值；

a，b——模型参数。

对目标函数求极值可得正规方程为

$$na + \left(\sum_{i=1}^{n} x_i\right) b = \sum_{i=1}^{n} y_i \tag{2-16}$$

$$\left(\sum_{i=1}^{n} x_i\right) a + \left(\sum_{i=1}^{n} x_i^2\right) b = \sum_{i=1}^{n} x_i y_i \tag{2-17}$$

令

$$\overline{x} = \frac{1}{n} \sum_{i=1}^{n} x_i \,,\ \overline{y} = \frac{1}{n} \sum_{i=1}^{n} y_i$$

由正规方程可解出模型参数为

$$a = \overline{y} - b\overline{x} \tag{2-18}$$

$$b = \frac{\sum_{i=1}^{n} x_i y_i - n\overline{x}\,\overline{y}}{\sum_{i=1}^{n} x_i^2 - n\overline{x}^2} = \frac{\sum_{i=1}^{n} (x_i - \overline{x})(y_i - \overline{y})}{\sum_{i=1}^{n} (x_i - \overline{x})^2} \tag{2-19}$$

【例 2-3】在某动力学方程测定实验中，测得不同温度 T 时的反应速率常数 k 的数据如表 2-1 所示。

表 2-1   不同温度下的反应速率常数

序号	温度 T/K	$k \times 10^2 / \mathrm{min}^{-1}$	$x \times 10^3 / \mathrm{K}^{-1}$	y
1	363	0.666	2.755	-5.01
2	373	1.375	2.681	-4.29
3	383	2.717	2.611	-3.61
4	393	5.221	2.545	-2.95
5	403	9.668	2.481	-2.34

试估计频率因子 k_0 和活化能 E_a。

解   根据反应动力学理论，可知 k 与 T 的关系可表达为

$$k = k_0 \exp\left(\frac{-E_a}{RT}\right)$$

将方程线性化，有

$$\ln k = \ln k_0 - \frac{E_a}{R}\left(\frac{1}{T}\right)$$

令 $y = \ln k$，$a = \ln k_0$，$x = \dfrac{1}{T}$，$b = \dfrac{-E_a}{R}$，则上式可写为

$$\hat{y} = a + bx$$

根据实验数据，求出响应的 y 与 x，也列于表 2-1，根据最小二乘法对上式进行参数估计，计算结果如下：

$$\overline{x} = \frac{\sum_{i=1}^{n} x_i}{n} = \frac{1}{5} \times 13.073 \times 10^{-3} = 2.615 \times 10^{-3}$$

$$\overline{y} = \frac{\sum\limits_{i=1}^{n} y_i}{n} = \frac{1}{5} \times (-18.20) = -3.640$$

$$n\overline{x}^2 = 5 \times (2.615 \times 10^{-3})^2 = 34.191 \times 10^{-6}$$

代入式（2-18）、式（2-19）得

$$b = \frac{\sum\limits_{i=1}^{n} x_i y_i - n\overline{x}\,\overline{y}}{\sum\limits_{i=1}^{n} x_i^2 - n\overline{x}^2} = \frac{(-48.042 + 47.593) \times 10^{-3}}{(34.228 - 34.191) \times 10^{-6}} = -12135$$

$$a = \overline{y} - b\overline{x} = -3.640 + 12135 \times 2.615 \times 10^{-3} = 28.093$$

由 $b = \dfrac{-E_a}{R}$，可求得 $E_a = 12135 \times 8.314 = 100890$（J/mol）。由 $a = \ln k_0$，可求得 $k_0 = 1.587 \times 10^{12}$。

2.2.4 实验结果的统计检验

无论是采用离散数据的表列法还是采用模型化的回归法表达实验结果，都必须对结果进行科学的统计检验，以考察和评价实验结果的可靠程度，从中获得有价值的实验信息。

统计检验的目的是评价实验指标 y 与变量 x 之间，或模型计算值 $\hat{y}$ 与实验值 y 之间是否存在相关性，以及相关的密切程度。检验的方法是：①首先建立一个能够表征实验指标 y 与变量 x 间相关密切程度的数量指标，称为统计量；②假设 y 与 x 不相关的概率为 α，根据假设的 α 从专门的统计检验表中查出统计量的临界值；③将查出的临界统计量与由实验数据算出的统计量进行比较，便可判别 y 与 x 相关的显著性。判别标准见表 2-2。通常称 α 为置信度或显著性水平。

表 2-2 显著性水平的判别标准

显著性水平	检验判据	相关性
$\alpha = 0.01$	计算统计量＞临界统计量	高度显著
$\alpha = 0.05$	计算统计量＞临界统计量	显著

常用的统计检验方法有方差分析法和相关系数法。

(1) 方差分析法

方差分析法不仅可用于检验回归方程的线性相关性，而且可用于对离散的实验数据进行统计检验，判别各因子对实验结果的影响程度，分清因子的主次，优选工艺条件。

方差分析构筑的检验统计量为 F 因子，用于模型检验时，其计算式为

$$F = \frac{\sum\limits_{i=1}^{n} (\hat{y}_i - \overline{y})^2 / f_U}{\sum\limits_{i=1}^{n} (y_i - \hat{y})^2 / f_Q} = \frac{U/f_U}{Q/f_Q} \tag{2-20}$$

式中　f_U——回归平方和自由度，$f_U = N$；

f_Q——残差平方和的自由度，$f_Q = n - N - 1$；

n——实验点数；

N——自变量个数；

U——回归平方和，表示变量水平变化引起的偏差；

Q——残差平方和，表示实验误差引起的偏差。

检验时，首先依式（2-20）算出统计量 F，然后，由指定的显著性水平 α 和自由度 f_U、f_Q 从有关手册中查得临界统计量 F_a，依表2-2进行相关显著性检验。

(2) 相关系数法

在实验结果的模型化表达方法中，通常利用线性回归将实验结果表示成线性函数。为了检验回归直线与离散的实验数据点之间的符合程度，或者说考察实验指标 y 与自变量 x 之间线性相关的密切程度，提出了相关系数 r 这个检验统计量。相关系数的表达式为

$$r = \frac{\sum_{i=1}^{n}(x_i - \overline{x})(y_i - \overline{y})}{\sqrt{\sum_{i=1}^{n}(x_i - \overline{x})^2 \sum(y_i - \overline{y})^2}} \tag{2-21}$$

当 $r=1$ 时，y 与 x 完全正相关，实验点均落在回归直线 $\hat{y} = a + bx$ 上。当 $r=-1$ 时，y 与 x 完全负相关，实验点均落在回归直线 $\hat{y} = a - bx$ 上。当 $r=0$ 时，则表示 y 与 x 无线性关系。一般情况下，$0 < |r| < 1$。这时要判断 x 与 y 之间的线性相关程度，就必须进行显著性检验。检验时，一般取 α 为 0.01 或 0.05，由 α 和 f_Q 查得 r_a 后，将计算得到的 $|r|$ 值与 r_a 进行比较，判别 x 与 y 线性相关的显著性。

2.3　实验报告的撰写

2.3.1　实验报告的特点

① 原始性实验报告记录和表达的实验数据一般比较原始，数据处理的结果通常用图或表的形式表示，比较直观。

② 纪实性实验报告的内容侧重于实验过程、操作方式、分析方法、实验现象、实验结果的详尽描述，一般不做深入的理论分析。

③ 试验性实验报告不强求内容的创新，即使实验未能达到预期效果，甚至失败，也可以撰写实验报告，但必须客观真实。

2.3.2　实验报告的写作格式

（1）标题　实验名称。

（2）作者及单位　署明作者的真实姓名和单位。

（3）摘要　以简洁的文字说明报告的核心内容。

（4）前言　概述实验的目的、内容、要求和依据。

（5）正文　主要内容如下。

① 叙述实验原理和方法，说明实验所依据的基本原理以及实验方案及装置设计的原则。

② 描述实验流程与设备，说明实验所用设备、器材的名称和数量，图示实验装置及流程。

③ 详述实验步骤和操作、分析方法，指明操作、分析的要点。

④ 记录实验数据与实验现象，列出原始数据表。

⑤ 数据处理，通过计算和整理，将实验结果以列表、图示或照片等形式反映出来。

⑥ 结果讨论，从理论上对实验结果和实验现象作出合理的解释，说明自己的观点和见解。

（6）参考文献　注明报告中引用的文献出处。

第 3 章

实验室安全和环保

化工专业实验室潜藏着各种危险因素，由此可引发各种事故，造成人身伤害、财产损失和环境污染。在开展实验科研工作前，必须学习危险品分类和安全使用、实验室安全用电以及事故的应急处理，认识实验室安全警示标志（见附录）。实验时必须对此加以高度警惕，防患于未然。

3.1 常见危险品分类

化工专业实验室常见危险品必须合理分类存放。易燃品不应当和氧化剂放在一起，一旦发生火灾，危害性极大。不同危险品发生火灾时，应针对其特性选用灭火剂。例如，着火处有金属钠、钾存放，不能用水灭火。着火处有氰化钾存放，不能使用泡沫灭火剂等。常见危险品分类如下。

(1) 易燃物品

① 易燃气体　凡是遇火、受热或与氧化剂相接触能引起燃烧或爆炸的气体称为易燃气体。如氢气、甲烷、乙烯、煤气、液化石油气、一氧化碳等。

② 易燃液体　容易燃烧而在常温下呈液态，具有挥发性，闪点低的物质称为易燃液体。如乙醚、丙酮、汽油、苯、乙醇等。

③ 易燃性固体物质　凡遇火、受热、撞击、摩擦或与氧化剂接触能着火的固体称为易燃性固体物质。如木材、油漆、石蜡、合成纤维等，化学药品有五硫化磷、三硫化磷等。

④ 自燃物质　有些物质在没有任何外界热源的作用下，由于自行发热和向外散热，当热量积蓄升温到一定程度能自行燃烧。如磁带、胶片、油布、油纸等。

⑤ 遇水燃烧物质　有些化学物质当吸收空气中水分或接触了水时，会发生剧烈反应，并放出大量可燃气体和热量，当达到自燃点而引发燃烧和爆炸。如活泼金属钾、钠、锂及其氢化物等。

(2) 爆炸性物质

爆炸性物质在热力学上很不稳定，受到轻微摩擦、撞击、高温等因素的激发而发生激烈的化学变化，在极短时间内放出大量气体和热量，同时伴有热和光等效应。如过氧化物、氮的卤化物、硝基或亚硝基化合物、乙炔类化合物等。

(3) 氧化剂

氧化剂包括高氯酸盐、氯酸盐、次氯酸盐、过氧化物、过硫酸盐、高锰酸盐、铬酸盐及重铬酸盐、硝酸盐、亚硝酸盐、溴酸盐、碘酸盐等。它本身一般不能燃烧，但在受热、受日光直晒或与其他药品（酸、水等）作用时，能产生氧，起助燃作用并引起猛烈燃烧。如过氧化钠与水作用，反应剧烈并能引起猛烈燃烧。强氧化剂与还原剂或有机药品混合后，能因受热、摩擦、撞击发生爆炸。如氯酸钾与硫混合可因撞击而爆炸；过氯酸镁是很好的干燥剂，若被干燥的气流中存在烃类蒸气时，其吸附烃类后就有爆炸的危险。

通常，人们对氧化剂的危险性认识不足，这常常是发生事故的原因之一，必须予以足够重视。

(4) 腐蚀性物质

这类物质有强酸、强碱。如硫酸、盐酸、硝酸、氢氟酸、苯酚、氢氧化钾、氢氧化钠等。它们对皮肤和衣物都有腐蚀作用。特别是在浓度和温度都较高的情况下，作用更甚。使用中防止与人体（特别是眼睛）和衣物直接接触。灭火时也要考虑是否有这类物质存在，以便采取适当措施。

(5) 有毒物质

某些侵入人体后在一定条件下破坏人体正常生理机能的物质称有毒物质，分类如下：

① 窒息性毒物：氮、氢、一氧化碳等；

② 刺激性毒物：酸类蒸气、氯气等；

③ 麻醉性或神经毒物：芳香类化合物、醇类化合物、苯胺等；

④ 其他无机及有机毒物，指对人体作用不能归入上述三类的无机和有机毒物。

(6) 压缩气体与液化气体

这类物品有三种：①可燃性气体（氢气、乙炔、甲烷、煤气等）；②助燃性气体（氧气、氯气等）；③不燃性气体（氮气、二氧化碳等）。

这类物品的使用与操作有一定要求，有关内容下面有专门介绍。

3.2 安全使用危险品——防火、防爆、防毒和环境保护

3.2.1 易燃易爆物质的安全使用

(1) 有效控制易燃物及助燃物

部分可燃气体和蒸气的爆炸极限见表3-1。化工类实验室防燃防爆，最根本的是对易燃物和易爆物的用量和蒸气浓度要有效控制。

表 3-1 部分可燃气体和蒸气的爆炸极限

物质名称	化学式	沸点/℃	闪点/℃	自燃点/℃	爆炸极限	
					上限/%	下限/%
氢气	H_2	-252.3		510	75	4.0
一氧化碳	CO	-192.2		651	74	12.5
氨	NH_3	-33			27	16
乙烯	$CH_2\!=\!CH_2$	-103.9		540	32	3.1
丙烯	C_3H_6	-47		45	10.3	2.4
丙烯腈	$CH_2\!=\!CHCN$	77	0~2.5	480	17	3
苯乙烯	$C_6H_5CH\!=\!CH_2$	145	32	490	6.1	1.1
乙炔	C_2H_2	-84 (升华)		335	32	2.3
苯	C_6H_6	81.1	-15	580	7.1	1.4
乙苯	$C_6H_5C_2H_5$	36.2	15	420	3.9	0.9
乙醇	C_2H_5OH	78.8	11	423	20	3.01
异丙醇	$CH_3CHOHCH_3$	82.5	12	400	12	2
甲醇	CH_3OH	64.7	9.5	455		
丙酮	CH_3COCH_3	56.5	-17	500	13	
乙醚	$(C_2H_5)_2O$	34.6	-45	180	48	1
甲醛	CH_3CHO			185	56	4.1

① 控制易燃易爆物的用量。原则上是用多少领多少，不用的要存放在安全地方。

② 加强室内通风。主要是控制易燃易爆物质在空气中的浓度，一般要小于或等于爆炸下限的 1/4。

③ 加强密闭。在使用和处理易燃易爆物质（气体、液体、粉尘）时，加强容器、设备、管道的密闭性，防止泄漏。

④ 充惰性气体。在爆炸性混合物中充惰性气体，可缩小以至消除爆炸范围和制止火焰的蔓延。

(2) 消除点燃源

① 管理好明火及高温表面，在有易燃易爆物质的场所，严禁明火（如电热板、开式电炉、电烘箱、马弗炉、煤气灯等）及白炽灯照明。

② 严禁在实验室内吸烟。

③ 避免摩擦和冲击，摩擦和冲击过程中产生过热甚至发生火花。

④ 严禁各类电气火花，包括高压电火花放电、弧光放电、电接点微弱火花等。

3.2.2 压缩气瓶的安全使用

气瓶是实验室常用的一种移动式压力容器。一般由无缝碳钢或合金钢制成，适用于装介质压力在 15MPa 以下的气体或常温下与饱和蒸气压相平衡的液化气体。由于其流动性大，使用范围广，因此若不加以重视往往容易引发事故。

各类钢瓶按所充气体不同，涂有不同的标记以资识别，有关特征见表 3-2。

表 3-2　常用钢瓶的特征

气体名称	瓶身颜色	标字颜色	装瓶压力/MPa	状态	性质
氧气	天蓝色	黑	15	气	助燃
氢气	深绿色	红	15	气	可燃
氮气	黑色	黄	15	气	不燃
氩气	棕色	白	15	气	不燃
氨气	黄色	黑	3	液	不燃（高温可燃）
氯气	黄绿色	白	3	液	不燃（有毒）
二氧化碳	银白色	黑	12.5	液	不燃
二氧化硫	灰色	白	0.6	液	不燃（有毒）
乙炔	白色	红	3	液	可燃

气瓶安全使用的注意事项如下。

① 氧气瓶、可燃气体瓶应避免日晒，不准靠近热源，离配电源至少 5m，室内严禁明火。钢瓶直立放置并加固。

② 搬运钢瓶应套好防护帽，不得摔倒和撞击，防止撞断阀门引发事故。

③ 氢、氧减压阀由于结构不同，丝扣相反，不准改用。氧气瓶阀门及减压阀严禁黏附油脂。

④ 开启钢瓶时，操作者应侧对气体出口处，在减压阀与钢瓶接口处无漏情况下，应首先打开钢瓶阀，然后调节减压阀。关气应先关闭钢瓶阀，放尽减压阀中余气，再松开减压阀螺杆。

⑤ 钢瓶内气体（液体）不得用尽；低压液化气瓶余压在 0.3～0.5MPa 内，高压气瓶余压在 0.5MPa 左右，防止其他气体倒灌。

⑥ 领用高压气瓶（尤其是可燃、有毒的气体）应先通过感官和异味来检查是否泄漏，对有毒气体可用皂液（氧气瓶不可用此方法）及其他方法检查钢瓶是否泄漏，若有泄漏应拒绝领用。在使用中发生泄漏，应关紧钢瓶阀，注明漏点，并由专业人员处理。

3.2.3　实验室消防

消防的基本方法有三种：

① 隔离法　将火源处或周围的可燃物撤离或隔开，由于燃烧区缺少可燃物，燃烧停止。

② 冷却法　降低燃烧物的温度是灭火的主要手段，常用冷却剂是水和二氧化碳。

③ 窒息法　冲淡空气使燃烧物质得不到足够的氧而熄灭，如用砂子、石棉毯、湿麻袋等，或二氧化碳、惰性气体等。但爆炸性物质起火不能用窒息法，若用了窒息法会阻止气体的扩散而增加了爆炸的破坏力。

(1) 灭火器材的种类和选用

灭火时必须根据火灾的大小、燃烧物的类别及其环境情况选用合适的灭火器材。

① 灭火砂箱　易燃液体和其他不能用水灭火的危险品，着火时可用砂子来扑灭。它能

隔断空气并起降温作用而灭火。但砂中不能混有可燃性杂物，并且要干燥些。潮湿的砂子遇火后因水分蒸发，致使黏着的液体飞溅。砂箱中存砂有限，实验室内又不能存放过多砂箱，故这种灭火工具只能扑灭局部小规模的火源。对于不能覆盖的大面积火源，因砂量少而作用不大。此外还可用不燃性固体粉末灭火。

② 石棉布、毛毡或湿布　这些器材适于迅速扑灭火源区域不大的火灾，也是扑灭衣服着火的常用方法。其作用是隔绝空气达到灭火目的。

③ 泡沫灭火器　实验室多用手提式泡沫灭火器。它的外壳用薄钢板制成，内有一个玻璃胆，其中盛有硫酸铝。胆外装有碳酸氢钠溶液和发泡剂（甘草精），其构造如图 3-1 所示。灭火液由 50 份硫酸铝和 50 份碳酸氢钠及 5 份甘草精组成。使用时将灭火器倒置，马上发生化学反应生成含 CO_2 的泡沫。

$$6NaHCO_3 + Al_2(SO_4)_3 \longrightarrow 3Na_2SO_4 + Al_2O_3 + 3H_2O + 6CO_2 \tag{3-1}$$

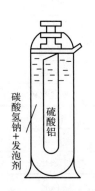
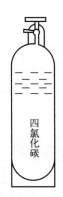

图 3-1　泡沫灭火器　　　图 3-2　四氯化碳灭火器

此泡沫黏附在燃烧物表面上，形成与空气隔绝的薄层而达到灭火目的。它适用于扑灭实验室的一般火灾。油类着火在开始时可使用，但不能用于扑灭电线和电气设备火灾。因为泡沫本身是导电的，这样会造成扑火人触电。

④ 四氯化碳灭火器　该灭火器如图 3-2 所示，是在钢筒内装有四氯化碳并压入 0.7MPa 的空气，使灭火器充有一定压力。使用时将灭火器倒置，旋开手阀即喷出四氯化碳。它是不燃液体，其蒸气比空气重，能覆盖在燃烧物表面与空气隔绝而灭火。它适用于扑灭电气设备的火灾。但使用时要站在上风侧，因四氯化碳是有毒的。室内灭火后应打开门窗通风一段时间，以免中毒。

⑤ 二氧化碳灭火器　钢管内装有压缩的二氧化碳。使用时旋开手阀，二氧化碳就能急剧喷出，使燃烧物与空气隔绝，同时降低空气中含氧量。当空气中含有 $12\% \sim 15\%$ 的二氧化碳时，燃烧即停止。但使用时要注意防止现场人员窒息。

⑥ 其他灭火器　干粉灭火器可扑灭易燃液体、气体及带电设备引起的火灾。1211 灭火器适用于扑救油类、电气类、精密仪器等火灾。在一般实验室内使用不多，大型及大量使用可燃物的实验场所应备用此类灭火器。

(2) 灭火器材的使用方法

① 拿起软管，把喷嘴对准着火点，拔出保险销，用力压下并抓住杠杆压把，灭火剂即喷出。

② 用完后要排除剩余压力，待重新装入灭火剂后备用。

3.2.4 实验室防毒和防污染

(1) 实验室防毒

实验室中多数化学药品都具有毒性，几种常用有毒物质的最高允许浓度见表 3-3。毒物侵入人体有三个途径：皮肤、消化道、呼吸道。因此只要依据毒物的危害程度的大小，采取相应的预防措施完全能防止对人体的危害。

表 3-3　几种常用有毒物质的最高允许浓度

物质名称	最高允许浓度/（mg/m³）	物质名称	最高允许浓度/（mg/m³）
一氧化碳	30	酚	5
氯	2	乙醇	1500
氨	30	甲醇	50
氯化氢及盐酸	150	苯乙烯	40
硫酸及硫酐	10	甲醛	5
苯	500	四氯化碳	5
二甲苯	100	溶剂汽油	350
丙酮	400	汞	0.1
乙醚	500	二硫化碳	10

① 使用有毒物时要准备好并戴上防毒面具、橡皮手套，有时要穿防毒衣。
② 实验室内严禁吃东西，离开实验室应洗手，如面部或身体被污染必须进行清洗。
③ 实验装置尽可能密闭，防止冲、溢、跑、冒事故发生。
④ 采用通风、排毒、隔离等安全防范措施。
⑤ 尽可能用无毒或低毒物质替代高毒物质。

实验室排放废液、废气、废渣等即使数量不大，也要避免不经处理而直接排放到河流、下水道和大气中去，防止污染以免危害自身或危及他人的健康。

(2) 实验室防污染和环境保护

① 实验室一切药品及中间产品必须贴上标签，注明为某物质，防止误用及因情况不明处理不当而发生事故。
② 绝对不允许用嘴去吸移液管以获取各种化学试剂和各种液体，应该用洗耳球等方法吸取。
③ 处理有毒或带有刺激性的物质时，必须在通风橱内进行，防止这些物质逸散在室内。
④ 实验室的废液应根据其物质性质的不同而分别集中在废液桶内，并贴上明显的标签，以便于废液的处理。
⑤ 在集中废液时要注意，有些废液是不可以混合的，如过氧化物和有机物、盐酸等挥发性酸与不挥发性酸、铵盐及挥发性胺与碱等。
⑥ 对接触过有毒物质的器皿、滤纸、容器等要分类收集后集中处理。
⑦ 一般的酸碱处理，必须在进行中和后用水大量稀释，才能排放到地下水槽。

⑧ 在处理废液、废物等时，一般都要戴上防护眼镜和橡皮手套。处理具有刺激性、挥发性的废液时，要戴上防毒面具，在通风橱内进行。

3.3 实验室安全用电

电气事故与一般事故的差异在于往往没有某种预兆下瞬间就发生，而造成的伤害较大甚至危及生命。电对人的伤害可分为内伤与外伤两种，可单独发生，也可同时发生。因此，掌握一定的电气安全知识是十分必要的。

3.3.1 电伤危险因素

电流通过人体某一部分即为触电。触电是最直接的电气事故，常常是致命的。其伤害的大小与电流强度的大小、触电作用时间及人体的电阻等因素有关。实验室常用的电气是电压为 220～380V、频率为 50Hz 的交流电，人体的心脏每跳动一次有 0.1～0.2s 的间歇时间，此时对电流最为敏感，因此当电流经人体脊柱和心脏时其危害极大。电流量和电压大小对人体的影响见表 3-4 和表 3-5。

表 3-4 电流量对人体的影响（50～60Hz 交流电）

电流量/mA	对人体的影响	电流量/mA	对人体的影响
1	略有感觉	20	肌肉收缩，无法自行脱离触电电源
5	相当痛苦	50	呼吸困难，相当危险
10	难以忍受的痛苦	100	几乎大多数致命

表 3-5 电压对人体影响

电压/V	接触时对人体的影响	备注
10	全身在水中，跨步电压界限为 10V/m	
20	为湿手的安全界限	
30	为干燥手的安全界限	
45	为对生命没有危险的界限	
100～200	危险性极大，危及人的生命	
3000	被带电体吸引	最小安全距离 15cm
>10000	有被弹开而脱险的可能	最小安全距离 20cm

人体的电阻分为皮肤电阻（潮湿时约为 2000Ω，干燥时为 5000Ω）和体内电阻（150～500Ω）。随着电压升高，人体电阻相应降低。触电时则因皮肤破裂而使人体电阻骤然降低，此时通过人体的电流即随之增大而危及人的生命。

3.3.2 实验室安全用电注意事项

① 进行实验之前必须了解室内总电闸与分电闸的位置，以便出现用电事故时及时切断各电源。

② 电气设备维修时必须停电作业。

③ 带金属外壳的电气设备都应作保护接零，定期检查是否连接良好。

④ 导线的接头应紧密牢固，接触电阻要小。裸露的接头部分必须用绝缘胶布包好，或者用塑料绝缘管套好。

⑤ 所有的电气设备在带电时不能用湿布擦拭，更不能有水落于其上。

⑥ 电源或电气设备上的保险丝或保险管，都应按规定电流标准使用，不能任意加大，更不允许用铜或铝丝代替。

⑦ 电热设备不能直接放在木制实验台上使用，必须用隔热材料垫架，以防引起火灾。

⑧ 发生停电现象必须切断所有的电闸。防止操作人员离开现场后，因突然供电而导致电气设备在无人监视下运行。

⑨ 合电闸时如发生保险丝熔断，应立刻拉开电闸并检查带电设备上是否有问题，切忌不经检查更换上保险丝或保险管就再次合闸，这样会造成设备损坏。

⑩ 安装漏电保护装置。一般规定其动作电流不超过30mA，切断电源时间应低于0.1s。

⑪ 实验室内严禁随意拖拉电线。

⑫ 对使用高电压、大电流的实验，至少要由2～3人进行操作。

3.3.3 保护接地和保护接零

在正常情况下电气设备的金属外壳是不带电的，但设备内部某些绝缘材料若损坏，金属外壳就会带电。当人体接触到带电的金属外壳或带电的导线时，就会有电流流过人体。当大于10mA的交流电或大于50mA的直流电流过人体时，就可能危及生命。我国规定36V（50Hz）的交流电是安全电压。超过安全电压的用电就必须注意用电安全，防止触电事故。

为防止发生触电事故要经常检查实验室用的电气设备，寻找是否有漏电现象。同时要检查用电导线有无裸露和电气设备是否有保护接地或保护接零措施。

(1) 设备漏电测试

检查带电设备是否漏电，使用试电笔最为方便。它是一种测试导线和电气设备是否带电的常用电工工具，由笔端金属体、电阻、氖管、弹簧和笔尾金属体组成。大多数将笔尖做成改锥形式。如果把试电笔尖端金属体与带电体（如相线）接触，笔尾金属端与人的手部接触，那么氖管就会发光，而人体并无不适感。氖管发光说明被测体带电，如果不发光就说明被测体不带电。这样，可及时发现电气设备有无漏电。一般使用前要在带电的导线上预测，以检查是否正常。

用试电笔检查漏电，只是定性的检查，欲知电气设备外壳漏电的程度还必须用其他仪表检测。

(2) 保护接地

保护接地是用一根足够粗的导线，一端接在电气设备的金属外壳上，另一端接在接地体上（专门埋在地下的金属体），使与大地连成一体。一旦发生漏电，电流通过接地导线流入大地，降低外壳对地电压。当人体触及外壳时，流过人体电流很小而不致触电。电气设备接地的电阻越小则越安全。如果电路有保险丝，会因漏电产生电流而使保险丝熔化并自动切断电源。一般的实验室用电采用这种保护接地方法较少，大部分用保护接零的方法。

(3) 保护接零

保护接零是把电气设备的金属外壳接到供电线路系统中的中性线上，线和大地相连。这样，当电气设备因绝缘损坏而碰壳时，相线（即火线）属外壳和中性线就形成一个"单相短路"的电路。中性线电阻很小，会使保护开关动作或使电路保险丝断开，切断电源，消除触电危险。

在保护接零系统内，不应再设置外壳接地的保护方法。因为漏电时，可能由于接地电阻比接零电阻大，保护开关或保险丝不能及时熔断，造成电源中性点电位升高，使所有接零的电气设备外壳都带电，反而增加了危险。

保护接零是由供电系统中性点接地所决定的。对中性点接地的供电系统采用保护接零是既方便又安全的方法。但保证用电安全的根本方法是电气设备绝缘性良好，不发生漏电现象。因此，注意检测设备的绝缘性能是防止漏电、造成触电事故的最好方法。

设备绝缘情况应经常进行功能检查。

3.4 实验事故的应急处理

在实验操作过程中，由于多种原因可能发生危害事故，如火灾、烫伤、中毒、触电等。在紧急情况下必须在现场立即进行应急处理，减小损失，不允许擅自离开而造成更大的危害。

(1) 发生火灾时应选用适当的消防器材及时灭火

当电气设备发生火灾时应立即切断电源，并进行灭火。在特殊情况下不能切断电源时，不能用水来灭火，以防二次事故发生，若火势较大，应立即报告消防队，并说明情况。

(2) 注意避免电引燃（爆）

设备漏、冲、冒等原因使可燃、可爆物质逸散在室内，不可随意切断电源（包括仪器设备上的电源开关）。有时因通风设备没打开，一旦发生上述事故，就想加强通风而推上电源开关等，这是非常危险的。当某些电气设备是非防爆型的，由于启动开关瞬间发生的微弱火花，将引发出一场不可避免的重大事故。应该打开门窗进行自然通风，切断相邻室内的火源，及时疏散人员，有条件可用惰性气体冲淡室内气体，同时立即报告消防队进行处理。

(3) 中毒事故一般应急处理方法

凡是某种物质侵入人体而引起局部或整个机体发生障碍，即发生中毒事故时，应在现场做一些必要处理，同时应尽快送医院或请医生来诊治。

① 急性呼吸系统中毒，立即将患者转移到空气新鲜的地方，解开衣服，放松身体。若呼吸能力减弱时，要马上进行人工呼吸。

② 口服中毒时，为降低胃中药品的浓度，延缓毒物侵害速度，可口服牛奶、淀粉糊、橘子汁等。也可用 3％～5％小苏打溶液或 1∶5000 高锰酸钾溶液洗胃，边喝边使之呕吐，

可用手指、筷子等压舌根进行催吐。

③ 皮肤、眼、鼻、咽喉受毒物侵害时，应立即用大量水进行冲洗。尤其当眼睛发生毒物侵害时不要使用化学解毒剂以防造成重大的伤害。

（4）烫伤或烧伤现场急救措施的两个原则

① 暴露创伤面。但要视实际情况而定，若覆盖物与创伤面紧贴或粘连时，切记不随意拉脱覆盖物而造成更大的伤害。

② 冷却法。冷却水的温度在 10～15℃ 为合适，当不能用水直接进行洗涤冷却时，可用经水润湿的毛巾包上冰片，敷于烧伤面上，但要注意经常移动毛巾以防同一部位过冷，同时立即送医院治疗。

（5）发生触电事故的处理方法

① 迅速切断电源，如不能及时切断电源，应立即用绝缘的东西使触电者脱离电源。

② 将触电者移至适当地方，解开衣服，使全身舒展，并立即找医生进行处理。

③ 如触电者已处于休克状态等危急情况下，要毫不迟疑立即实施人工呼吸及心脏按压，直至救护医生到现场。

第 2 篇
化工专业实验及综合实验

第4章

验证型实验

实验1 二元体系汽液平衡数据的测定

一、实验目的

① 了解二元体系汽液平衡数据的测定方法，掌握改进的 Rose-Williams 型平衡釜的使用方法，测定大气压力下乙醇 （1） -环己烷 （2） 体系 t-p-x_i-y_i 数据。

② 确定液相组分的活度系数与组成关系式中的参数，推算体系恒沸点，计算出不同液相组成下两个组分的活度系数，并进行热力学一致性检验。

③ 掌握恒温浴使用方法和用阿贝折射仪分析组成的方法。

二、实验原理

汽液平衡数据测定实验是在一定温度压力下，在已建立汽液平衡的体系中，分别取出汽相和液相样品，测定其浓度。本实验采用的是循环法，平衡装置利用改进的 Rose-Williams 型平衡釜。所测定的体系为乙醇 （1） -环己烷 （2），样品分析采用折射法。

汽液平衡数据包括 t-p-x_i-y_i。对部分理想体系达到汽液平衡时，有以下关系式：

$$y_i p = \gamma_i x_i p_i^s \tag{4-1}$$

将实验测得的 t-p-x_i-y_i 数据代入上式，计算出实测的 x_i 与 γ_i 数据，利用 x_i 与 γ_i 关系式 （van Laar 方程或 Wilson 方程等） 关联，确定方程中的参数。根据所得的参数可计算不同浓度下的汽液平衡数据，推算共沸点及进行热力学一致性检验。

三、实验装置和试剂

实验装置见图 4-1，其主体为改进的 Rose-Williams 型汽液双循环式平衡釜 （见图 4-2）。改进的 Rose-Williams 型平衡釜汽液分离部分配有 $50 \sim 100℃$ 精密温度计或热电偶 （配有 XMT-3000 数显仪） 测量平衡温度，沸腾器的蛇形玻璃管内插有 300W 电热丝，加热混合液，其加热量由可调变压器控制。分析仪器：恒温水浴-阿贝折射仪系统，配有 CS-501 型超级恒温浴和四位数字折射仪。

图 4-1　VLE 实验装置

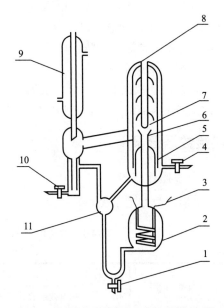

图 4-2　改进的 Rose-Williams 型平衡釜结构图

1—排液口；2—沸腾器；3—内加热器；4—液相取样口；
5—汽室；6—汽液提升管；7—汽液分离器；8—温度计套管；
9—汽相冷凝管；10—汽相取样口；11—混合器

实验试剂：无水乙醇（分析纯）、环己烷（分析纯）。

四、实验步骤

1. 实验准备

制作乙醇（1）-环己烷（2）溶液折射率与组成关系工作曲线（可由教师预先准备）。

① 配制不同浓度的乙醇（1）-环己烷（2）溶液（体积分数 x_1 为 0.1，0.2，0.3，…，0.9）。

② 测量不同浓度的乙醇（1）-环己烷（2）溶液在 30℃下的折射率，得到一系列 x_1 与 n_D 数据。

③ 将 x_1 与 n_D 数据关联回归，得到如下方程：

$$x_1 = -0.74744 + \frac{[0.0014705 + 0.10261 \times (1.4213 - n_D)]^{0.5}}{0.051305} \tag{4-2}$$

2. 实验阶段

① 开恒温浴-折射仪系统，调节水温到（30±0.1）℃（折射仪的原理及使用方法见 8.1）。

② 接通平衡釜冷凝器冷却水，关闭平衡釜下部旋塞阀。向釜中加入乙醇-环己烷溶液（加到釜的刻度线，液相口能取到样品）。

③ 接通电源，调节加热电压，注意釜内状态。当釜内液体沸腾，并稳定以后，调节加热电压使冷凝管末端流下的冷凝液为 80 滴/min 左右。

④ 当沸腾温度稳定，冷凝液流量稳定（80 滴/min 左右），并保持 30min 以后，认为汽液平衡已经建立。此时沸腾温度为汽液平衡温度。由于测定时平衡釜直接通大气，平衡压力

为实验时的大气压。用福廷式水银压力计，读取大气压。

⑤ 同时从汽相口和液相口取汽、液两相样品，取样前应先放掉少量残留在取样阀中的试剂，取样后要盖紧瓶盖，防止样品挥发。

⑥ 测量样品的折射率，每个样品测量两次，每次读数两次，四个数据的平均偏差应小于 0.0002，按四个数据的平均值，根据式（4-2），计算汽相或液相样品的组成。

⑦ 改变釜中溶液组成（添加纯乙醇或纯环己烷），重复步骤③～⑥，进行第二组数据测定。

五、实验数据记录

1. 平衡釜操作记录

平衡釜操作数据记于表 4-1。

表 4-1 改进的 Rose-Williams 型平衡釜操作记录

日期：_____ 室温：_____℃ 大气压：_____kPa

实验序号	投料量	时间	加热电压/V	平衡釜温度/℃		环境温度/℃	露茎高度/℃	冷凝液滴速/（滴/min）	现象
				热电偶示数	水银温度计示数				
1	混合液____mL								
2	补加____mL								

2. 折射率测定及平衡数据计算结果

折射率测定与平衡数据计算结果记在表 4-2 中。

表 4-2 折射率 n_D 测定结果和汽液平衡组成计算结果

测量温度：30.0℃

实验序号	液相样品折射率 n_D					汽相样品折射率 n_D					平衡组成	
	1	2	3	4	平均	1	2	3	4	平均	液相	汽相
1												
2												

六、实验数据处理

1. 数据处理步骤

① 校正平衡温度和平衡压力。

② 由所测折射率计算平衡液相和汽相的组成，并与文献数据比较，计算平衡温度实验

值与文献值的偏差和汽相组成实验值与文献值的偏差。

③ 计算活度系数 γ_1、γ_2。

运用部分理想体系汽液平衡关系式（4-1）可得到

$$\gamma_1 = \frac{y_1 p}{x_1 p_1^s} \text{ 和 } \gamma_2 = \frac{y_2 p}{x_2 p_2^s}$$

式中，p_1^s 和 p_2^s 由 Antoine 方程计算，其形式：

$$\lg p_1^s = 8.1120 - \frac{1592.864}{t + 226.184} \tag{4-3}$$

$$\lg p_2^s = 6.85146 - \frac{1206.470}{t + 223.136} \tag{4-4}$$

式中　p_1^s 和 p_2^s——mmHg，1mmHg=133.3224Pa；

　　　　t——℃。

④ 由得到的活度系数 γ_1 和 γ_2 计算 van Laar 方程或 Wilson 方程的参数。

van Laar 方程参数，按式（4-5）和式（4-6）计算。

$$A_{12} = \ln\gamma_1 \left(1 + \frac{x_2 \ln\gamma_2}{x_1 \ln\gamma_1}\right)^2 \tag{4-5}$$

$$A_{21} = \ln\gamma_2 \left(1 + \frac{x_1 \ln\gamma_1}{x_2 \ln\gamma_2}\right)^2 \tag{4-6}$$

⑤ 用 van Laar 方程或 Wilson 方程，计算一系列的 x_1 与 γ_1、γ_2 数据，计算 $\ln\gamma_1$、$\ln\gamma_2$ 和 $\ln\dfrac{\gamma_1}{\gamma_2}$，绘出 $\ln\dfrac{\gamma_1}{\gamma_2}$-$x_1$ 曲线，用 Gibbs-Duhem 方程对所得数据进行热力学一致性检验。其中 van Laar 方程形式如下：

$$\ln\gamma_1 = \frac{A_{12}}{\left(1 + \dfrac{A_{12} x_1}{A_{21} x_2}\right)^2}, \ \ln\gamma_2 = \frac{A_{21}}{\left(1 + \dfrac{A_{21} x_2}{A_{12} x_1}\right)^2} \text{（选做）}$$

⑥ 计算 0.1013MPa 压力下的恒沸数据，或 35℃ 下恒沸数据，并与文献值比较（选做）。

2. 计算示例

某次实验记录列于表 4-3 和表 4-4。

表 4-3　改进的 Rose-Williams 型平衡釜操作记录

实验日期：　　　　室温：25℃　　　　大气压：758.2mmHg

实验序号	投料量	时间	加热电压/V	平衡釜温度/℃ 热电偶示数	平衡釜温度/℃ 水银温度计读数	环境温度/℃	露茎高度/℃	冷凝液滴速/（滴/min）	现象
1	混合液180mL	8:20	60	20		25		0	开始加热
		8:45	60	40		26		0	沸腾
		8:55	58	59.2	59.10	30	0.8	40	有回流
		9:03	58	65.0	64.92	31	6.6	78	回流
		9:15	58	65.0	64.94	31	6.6	81	回流稳定
		9:50	56	65.1	64.95	31	6.6	79	回流稳定
		9:52							取样

表 4-4 折射率测定及平衡数据计算结果

测量温度：30.0℃

序号	液相样品折射率 n_D					汽相样品折射率 n_D					平衡组成	
	1	2	3	4	平均	1	2	3	4	平均	液相	汽相
1	1.3835	1.3835	1.3836	1.3835	1.3835	1.3972	1.3971	1.3972	1.3973	1.3972	0.6781	0.4797

① 校正温度及压力。

露茎校正：

$$\Delta t_{露茎} = Kn(t_{釜} - t_{环}) = 0.00016 \times 6.6 \times (64.95 - 31.0) = 0.036 (℃)$$

$$t_{真实} = t_{釜} + \Delta t_{露茎} = 64.95 + 0.04 = 64.99 (℃)$$

压力校正：将测量的平衡压力为 758.2mmHg 下的平衡温度折算成平衡压力为 760mmHg 的平衡温度。

$$温度校正值 \Delta t = \frac{t_{真实} + 273.15}{10} \times \frac{760 - p_0}{760} = 0.08 (℃)$$

$$t(760mmHg 平衡温度) = 64.99 + 0.08 = 65.07 (℃)$$

② 由附录，查得 $x_1 = 0.6781$ 时，文献数据 $y_1 = 0.4750$，$t = 65.25℃$。

实验值与文献值偏差

$$|\Delta y_1| = 0.4797 - 0.4750 = 0.0047$$

$$|\Delta t| = 65.25 - 65.07 = 0.19 (℃)$$

③ 计算实验条件下的活度系数 γ_1、γ_2。

$$\gamma_1 = \frac{0.4797}{0.6781} \times \frac{760}{439.37} = 1.2237$$

$$\gamma_2 = \frac{0.5203}{0.3219} \times \frac{760}{462.57} = 2.6556$$

④ 计算 van Laar 方程中参数。

$$A_{12} = \ln\gamma_1 \left(1 + \frac{x_2 \ln\gamma_2}{x_1 \ln\gamma_1}\right)^2 = 2.19412$$

$$A_{21} = \ln\gamma_2 \left(1 + \frac{x_1 \ln\gamma_1}{x_2 \ln\gamma_2}\right)^2 = 2.01215$$

⑤ 用 van Laar 方程，计算 x_1 与 γ 数据，列于表 4-5。

表 4-5 用 van Laar 方程计算 x_1 与 γ 数据结果

x_1	0.05	0.1	0.2	0.3	0.4	0.5	0.6	0.7	0.8	0.9	0.95
$\ln\gamma_1$	1.9624	1.7455	1.3548	1.0192	0.7357	0.5021	0.3159	0.1747	0.0763	0.0188	0.0047
$\ln\gamma_2$	0.0059	0.0235	0.0923	0.2041	0.3565	0.5475	0.7749	1.0369	1.3316	1.6572	1.8311
$\ln(\gamma_1/\gamma_2)$	1.9565	1.7220	1.2625	0.8150	0.3792	−0.0454	−0.4590	−0.8620	−1.255	−1.6384	−1.826

⑥ 估算 $p = 760mmHg$ 下恒沸点温度和恒沸组成。

可列出以下方程组：

$$\ln \frac{p}{p_1^s} = \frac{A_{12}}{\left(1 + \dfrac{A_{12} x_1}{A_{21} x_2}\right)^2}$$

$$\ln \frac{p}{p_2^s} = \frac{A_{21}}{\left(1 + \dfrac{A_{21} x_2}{A_{12} x_1}\right)^2}$$

$$\lg p_1^s = 8.1120 - \frac{1592.864}{t + 226.184}$$

$$\lg p_2^s = 6.85146 - \frac{1206.470}{t + 223.136}$$

$$x_1 + x_2 = 1$$

代入相关数据，经试差计算得，恒沸点温度 $t = 65.0\,℃$，恒沸组成 $x_1 = 0.477$，与文献数据基本符合。

七、实验结果、讨论和思考题

1. 实验结果

给出 $p = 760\,\mathrm{mmHg}$ 下平衡温度 t、乙醇液相组成 x_1 和相应的汽相组成 y_1 数据，与文献数据比较，分析数据精确度。

2. 讨论

① 实验测量误差及引起误差的原因。
② 对实验装置及其操作提出改进建议。
③ 对热力学一致性检验和恒沸数据推算结果进行评议。

3. 思考题

① 实验中怎样确定汽液两相达到平衡？
② 影响汽液平衡数据测定精确度的因素有哪些？
③ 冷凝液滴数为何选择在 80 滴/min，过快或者过慢会如何？
④ 根据自己所学知识，思考还有哪些可以测定液相组成的方法？
⑤ 试举出汽液平衡数据应用的例子。

八、注意事项

① 平衡釜开始加热时电压不宜过大，以防物料冲出。
② 平衡时间应足够。汽、液相取样瓶，取样前要检查是否干燥，装样后要保持密封，因乙醇和环己烷都较易挥发。
③ 测量折射率时，应注意使液体铺满毛玻璃板，并防止挥发。取样分析前应注意检查滴管、取样瓶和折射仪毛玻璃板是否干燥。

九、知识拓展

汽液平衡数据是化工重要基础数据，许多单元操作的设计、化工工艺的优化、汽液理论的研究都与汽液平衡密切相关，广泛应用于液体混合物分离、新产品和新工艺研发、能耗降低、三废处理等过程。

二元体系汽液平衡研究的经典方法即通过实验测定少量汽液平衡数据，然后在一定理论基础上选择合适的模型进行关联和预测，计算平衡曲线。直接测定二元汽液平衡数据的方法有静态法、流动法和循环法等。循环法应用最为广泛，即汽液平衡釜中汽、液两相进行循环，使汽液两相达到充分的接触。单循环（Ellis）釜结构简单，但数据准确程度及适用范围有限。本实验采用的是改进的 Rose-Williams 型平衡釜，这是一种汽液双循环平衡釜，具有平衡温度测定精度高、釜内部分冷凝现象少、浓度梯度可以基本消除且易于操作的优点，是比较理想的测定相平衡装置。采用该装置的关键在于确保平衡釜内部没有雾沫夹带现象发生，同时，确保从设备中取出样品到送入分析仪器这一过程中不会有部分蒸发或部分冷凝而造成测定误差。

南京工业大学时钧院士自 20 世纪 80 年代初起，就有计划地着手组建一个热力学基础物性的测定中心，对广泛范围的相平衡、容积性质和过量性质进行了研究，培养了包括徐南平院士、王延儒教授和陆小华教授等在内的一批国内外知名的化工热力学专家。在流体相平衡方面，高压下流体热力学性质测定的投资费用较高，并且费工费时，因而有用的实测数据极为缺乏，影响了这一领域的理论进展。有鉴于此，时钧、王延儒等筹建了精度较高的高压相平衡装置，对含氯氟烃替代物体系和高压二氧化碳气田气体系的相平衡，以及多元体系近临界区域和混合物临界轨迹等方面进行了广泛测定。有关的论文在国内外重要期刊上发表后，已有 10 多个国家和地区的专家和数据库来函索取单印本。有些实测结果纠正了前人所测数据的偏差，扩充了测量范围。在建立高压装置的同时，时钧与合作者还对常压下的相平衡，包括汽液、液液以及液固相平衡进行了广泛而实用的测量研究，为 C_5 烃的溶剂萃取、甲乙苯-甲基苯乙烯分离、重要溶剂 4-甲基-2-戊酮的分离提纯，以及氯甲烷在偏三甲苯中溶解性能等化工工艺的开发设计，提供了必不可少的基础物性数据。

十、参考文献

[1] 冯新，宣爱国，周彩荣. 化工热力学. 2 版. 北京：化学工业出版社，2020.

[2] 陆小华，王延儒，时钧. 氯化氢、水二元体系的汽液平衡. 高校化学工程学报，1987，2（2）：1-12.

[3] Shan Z J, Wang Y R, Qiu S C, et al. Vapor liquid equilibria for the quaternary system of formaldelyde（1）-methanol（2）-methylal（3）-water（4）. Fluid Phase Equilibria，1995，111：113-126.

[4] 陈维苗，张雅明. 含盐醇水体系汽液平衡研究进展. 南京工业大学学报，2002，24（6）：99-106.

[5] 刘畅. 二元汽液平衡实验数据处理的电子表格. 化学工程师，2008，22（10）：16-18.

[6] 彭阳峰，徐菊美，李秀军，等. 化工热力学中汽液平衡数据测定实验教学的改进. 化工高等教育，2020，37（2）：108-111.

实验 2 三组分体系液液平衡数据的测定

一、实验目的

① 熟悉用三角形相图表示三组分体系组成的方法。

② 掌握用浊点法和平衡釜法测定液液平衡数据的原理和实验操作，测绘环己烷-水-乙醇三组分体系液液平衡相图。

③ 掌握使用气相色谱仪分析组成的方法。

二、实验原理

液液平衡数据是液液萃取和非均相恒沸精馏过程设计计算及生产操作的重要依据。液液平衡数据的获得，目前主要依靠实验测定。三组分体系液液平衡线常用三角形相图表示。

1. 三角形相图

设等边三角形三个顶点分别代表纯物质 A、B 和 C［图 4-3（a）］，AB、BC 和 CA 三条边分别代表（A＋B）、（B＋C）和（C＋A）三个二组分体系，而三角形内部各点相当于三组分体系。将三角形的每一边分成 100 等份，通过三角形内部任何一点 O 引平行于各边的直线 a、b 和 c，根据几何原理，$a+b+c=AB=BC=CA=100\%$，或 $a'+b'+c'=AB=BC=CA=100\%$，因此 O 点的组成可由 a'、b'、c' 表示，即 O 点所代表的三个组分的组成为：$B\%=b'$，$A\%=a'$，$C\%=c'$。要确定 O 点的 B 组成，只需通过 O 点作出与 B 的对边 AC 的平行线，割 AB 边于 D，AD 线段长度即相当于 $B\%$，余可类推。如果已知三组分混合物的任何两个组成，只需作两条平行线，其交点就是被测体系的组成点。

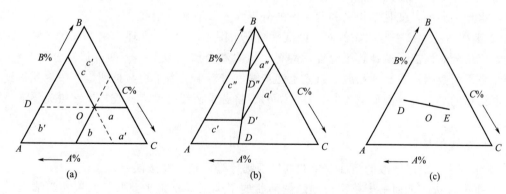

图 4-3 等边三角形相图

等边三角形相图还有以下两个特点：

① 通过任一顶点 B 向其对边引直线 BD，则 BD 线上的各点所代表的组成中，A、C 两个组分含量的比值保持不变。这可由三角形相似原理得到证明，即

$$a'/c'=a''/c''=A\%/C\%=常数 \quad ［图 4-3（b）］$$

② 如果有两个三组分体系 D 和 E，将其混合后，其组成点必位于 D、E 两点之间的连线上，例如为 O，根据杠杆规则：

$$E\%/D\%=DO/EO\ [图 4\text{-}3（c）]$$

2. 环己烷-水-乙醇三组分体系液液平衡相图测定方法

环己烷-水-乙醇三组分体系中，环己烷与水是不互溶的，而乙醇与水及乙醇与环己烷都是互溶的。在环己烷与水体系中加入乙醇可促使环己烷与水互溶。由于乙醇在环己烷层与水层中非等量分配，代表两层浓度的 a、b 点连线并不一定和底边平行（图 4-4）。设加入乙醇后体系的总组成点为 c，平衡共存的两相叫共轭溶液，其组成由通过 c 的直线上的 a、b 两点表示。图中曲线以下的部分为两相共存区，其余部分为单相（均相）区。

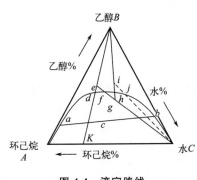

图 4-4　滴定路线

（1）液液分层线的绘制

① 浊点法　现有一环己烷与水二组分体系，其组成为 K（图 4-4），于其中逐渐加入乙醇，则体系总组成沿 K→B 变化（环己烷与水的比例保持不变），当组成点在曲线以下的区域内，体系为互不混溶的两共轭相，振荡时则出现浑浊状态。继续滴加乙醇直到曲线上的 d 点，体系发生一突变，溶液由两相变为一相，外观由浑浊变清。准确读出溶液刚由浊变清时乙醇的加入量，d 点位置可准确确定，此点为液液平衡线上一个点。补加少量乙醇到 e 点，体系仍为单相。再向溶液中逐渐加水，体系总组成点将沿 e→c 变化（环己烷与乙醇的比例保持不变），直到曲线上的 f 点，体系又发生一突变，溶液由单相变为两相，外观由清变浑浊。准确读出溶液刚由清变浊时水的加入量，f 点位置可准确确定，此点为液液平衡线上又一个点。补加少量水到 g 点，体系仍为两相。如于此体系再加入乙醇可获得 h 点，如此反复进行。用上述方法可依次得到 d、f、h、j 等位于液液平衡线上的点，将这些点及 A 和 C 两顶点（由于环己烷和水几乎不互溶）连接即得到一曲线，就是单相区和两相区的分界线——液液分层线。

② 平衡釜法　按一定的比例向一液液平衡釜（图 4-5）中加入环己烷、水和乙醇（称好重量）三组分，恒温下搅拌若干分钟，静置、恒温和分层。取上、下两层清液分析其组成，得第一组平衡数据；再补加乙醇，重复上述步骤，进行第二组平衡数据测定……由此得到一系列两液相的平衡线（类似图 4-4 中的线 acb），将各平衡线的端点相连，就获得完整液液平衡线。

（2）结线的绘制

① 浊点法　根据溶液的清浊变换和杠杆规则计算得到。此法误差较大。

② 平衡釜法　上面平衡釜法得到的两液相的平衡线，就是平衡共存两液相组成点的连线——结线。

三、实验装置和试剂

实验装置：液液平衡釜一台（图 4-5），恒温水浴一台，电磁搅拌器一台，气相色谱仪一台（配色谱工作站），精密天平一台，常规玻璃仪器有玻璃温度计（0～100℃）、酸式滴定管

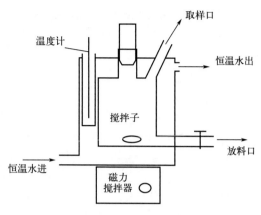

图 4-5　液液平衡釜

（50mL 两支）、刻度移液管（1mL、2mL）、锥形瓶（250mL）、注射器（10mL 三支）等。

实验试剂：乙醇（分析纯）、环己烷（分析纯）和蒸馏水。

四、实验步骤

1. 实验准备

开启气相色谱仪，调定色谱条件，做好分析准备。

2. 浊点法测液液平衡数据

用干燥移液管取环己烷 2mL，水 0.1mL 放入 250mL 干燥的锥形瓶中（注意不使液滴沾在瓶内壁上），向两支滴定管分别加入 20～30mL 乙醇和水。用滴定管向锥形瓶中缓慢滴加乙醇（边加边摇动锥形瓶），至溶液恰由浊变清时，记下加入乙醇的体积，得第一个数据点；于此溶液中再补加乙醇 0.5mL，再用滴定管向锥形瓶中缓慢滴加水（边加边摇动锥形瓶），至溶液恰由清变浊时，记下加入水的体积，得第二个数据点；再加水 0.2mL 得第三个数据点；如此反复进行实验，直至测完 10 组数据。滴定时要充分摇动，但要避免液滴沾在瓶壁上。

3. 平衡釜法测定液液平衡数据

用注射器（或者移液管）向干燥的液液平衡釜中加入水、乙醇和环己烷各 10mL（用精密天平准确称量）。开启恒温水浴，调节到实验温度，并向平衡釜恒温水套通入恒温水（测定室温下平衡数据可不用恒温浴）。开启电磁搅拌器，搅拌 20～30min，静置 30min，分层，取上层和下层样品进行色谱分析。（注意：可用微型注射器，由上取样口直接取上、下两层样品。取样前，微型注射器要用样品清洗 5～6 次。）所得上、下两层组成即为第一组液液平衡数据。补加乙醇 5mL，重复上述步骤，测第二组液液平衡数据。如时间许可，可再加 5mL 乙醇，测第三组数据。有关数据记录于表 4-7。

五、实验数据记录

实验数据记录于表 4-6、表 4-7。

表 4-6　浊点法测液液平衡数据

室温：＿＿＿＿＿＿＿　　大气压：＿＿＿＿＿＿＿

序号	体积/mL					质量/g				质量分数/%			终点记录
	环己烷（合计）	水		乙醇		环己烷	水	乙醇	合计	环己烷	水	乙醇	
		新加	合计	新加	合计								
1	2	0.1											清
2	2			0.5									浊
3	2	0.2											清
4	2			0.9									浊
5	2	0.6											清
6	2			1.5									浊
7	2	1.5											清
8	2			3.5									浊
9	2	4.5											清
10	2			7.5									浊

表 4-7　平衡釜法测定液液平衡数据

实验温度：＿＿＿＿＿＿＿＿＿

序号	加料量/g				总组成/%			上层组成/%			下层组成/%		
	环己烷	水	乙醇	合计	环己烷	水	乙醇	环己烷	水	乙醇	环己烷	水	乙醇
1													
2													
3													

六、实验数据处理

1. 数据处理步骤

① 将每次滴定终点时溶液中各组分的体积，根据其密度换算成质量，求出相应质量分数，其结果列于表 4-6。

② 将表 4-6 所得结果在三角形坐标图上标出，连成一条平滑曲线（液液分层线），将此曲线用虚线外延到三角形的两个顶点（100% 水和 100% 环己烷点），因为室温下，水与环己烷可看成完全不互溶的。与 7.3.4 表 7-5 中文献数据进行比较。

③ 按表 4-7 中实验数据及色谱分析结果，计算出总组成、上层组成和下层组成，计算结果填入表 4-7，并标入上述三角形坐标图上。上层和下层组成点应在液液分层线上，总组成点、上层组成点和下层组成点应在同一条直线上。

2. 计算示例

① 浊点法测液液分层线实验

室温： _____ 大气压： _____

序号	体积/mL					质量/g				质量分数/%			终点记录
	环己烷（合计）	水		乙醇		环己烷	水	乙醇	合计	环己烷	水	乙醇	
		新加	合计	新加	合计								
1	2	0.1	0.1	1.65	1.65	1.55	0.10	1.30	2.95	52.5	3.4	44.1	清
2	2	0.05	0.15	0.5	2.15	1.55	0.15	1.69	3.39	45.7	4.4	49.9	浊
3	2	0.2	0.35	2.1	4.25	1.55	0.35	3.34	5.24	29.6	6.7	63.7	清
4	2	0.25	0.60	0.9	5.15	1.55	0.60	4.05	6.20	25.0	9.7	65.3	浊
5	2	0.6	1.20	2.2	7.35	1.55	1.20	5.78	8.53	18.2	14.0	67.8	清
6	2	0.75	1.95	1.5	8.85	1.55	1.94	6.96	10.45	14.8	18.6	66.6	浊
7	2	1.5	3.45	3.15	12.00	1.55	3.44	9.43	14.42	10.7	23.9	65.4	清
8	2	2.85	6.30	3.5	15.50	1.55	6.28	12.18	20.01	7.7	31.4	60.9	浊
9	2	4.5	10.80	5.70	21.20	1.55	10.77	16.66	28.98	5.3	37.2	57.5	清
10	2	13.40	24.20	7.5	28.70	1.55	24.13	22.56	48.24	3.2	50.0	46.8	浊

② 平衡釜法测定液液平衡数据结果

实验温度： _____

序号	加料量/g				总组成/%			上层组成/%			下层组成/%		
	环己烷	水	乙醇	合计	环己烷	水	乙醇	环己烷	水	乙醇	环己烷	水	乙醇
1	7.8547	10.2806	8.2122	26.3475	29.81	39.02	31.17	97.5	1.0	1.5	1.6	55.2	43.2

七、实验结果、讨论和思考题

1. 实验结果

① 由表 4-6 浊点法的数据绘图，得到一平滑的三组分体系液液平衡线。

② 由平衡釜法测得的上层组成、下层组成和总组成点绘制结线，三点应在一条直线上。

2. 讨论

① 对平衡釜法测定液液平衡数据结果进行评价，试讨论引起误差的原因。

② 试分析温度和压力对液液平衡（LLE）的影响。

3. 思考题

① 体系总组成点在曲线内与曲线外时，相数有何不同？

② 用相律说明，当温度和压力恒定时，单相区和两相区的自由度是多少？

③ 使用的锥形瓶为什么要预先干燥？

④ 用水或乙醇滴定至清或浊以后，为什么还要加入过剩量？过剩多少对实验结果有何影响？

八、注意事项

① 滴定管要干燥而洁净，下活塞不能漏液。放水或乙醇时，滴速不可过慢，但也不能快到连续滴下。锥形瓶要干净，加料和振荡后内壁不能挂液珠。

② 用水（或乙醇）滴定时如超过终点，可用乙醇（或水）回滴几滴恢复。记下各试剂实际用量。在做最后几点时（环己烷含量较少）终点是逐渐变化的，需滴至出现明显浑浊，才停止滴加。

③ 平衡釜搅拌速度应适当，要保持两液层上下完全混合。但也不能过分激烈，以免形成乳化液，引起分层困难。用微型注射器取样时，要用样品将微型注射器清洗数次。

九、知识拓展

在化学工业中，萃取、吸收过程的工艺和设备设计都需要准确的液液平衡数据，此数据对优化操作条件，减少能源消耗和降低成本等都具有重要的意义。尽管有许多体系的平衡数据可以从资料中找到，但这往往是在特定温度和压力下的数据。随着科学的迅速发展，以及新产品、新工艺的开发，许多物系的平衡数据还未经前人测定过，这都需要通过实验测定以满足工程计算的需要。此外，在溶液理论研究中提出了各种各样描述溶液内部分子间相互作用的模型，准确的平衡数据还是对这些模型的可靠性进行检验的重要依据。

环己烷-乙醇-水体系的液液平衡数据在化工生产中具有重要的应用价值。例如，在生产无水乙醇时，可以加入环己烷作为共沸剂，通过共沸蒸馏过程来实现。广西大学童张法教授课题组的研究表明，与另一种常用的共沸剂苯相比，环己烷不仅毒性更小，而且在相同的操作参数下，用环己烷作共沸剂得到的无水乙醇产品的纯度更高，能耗比苯工艺降低 7.6%。相同的脱水塔，改用环己烷作共沸剂，生产能力提高 12%。另外，用乙醇代替部分柴油和汽油作为发动机燃料，是现代新能源技术的重要发展方向。乙醇除了可以通过传统的发酵工艺生产以外，通过使用环己烷等溶剂在超临界条件下进行合成，也是一种先进的方法。因此，获取环己烷-乙醇-水体系的液液平衡基础数据，具有十分重要的意义。

南京工业大学化工学院史美仁、云志和钱仁渊等教授在热力学相平衡数据方面做了大量工作。早在 2002 年，他们就采用鼓泡平衡釜测定了环己烷-乙醇-水体系在不同温度下的汽液平衡数据，并用 NRTL 方程进行关联，得到了环己烷-水的模型参数，并进一步预测了 2-丙醇-环己烷-水、四氢呋喃-环己烷-水体系的汽液平衡数据。在实验测定的基础上，他们还进一步开发出神经网络模型，对其他温度下的环己烷-乙醇-水体系的汽液平衡数据进行预测，精度优于广泛使用的 NRTL 模型。

十、参考文献

[1] 何莉，邹雄，叶昊天，等．邻甲酚-间二甲苯-乙二醇液液平衡数据的测定与关联．化工学报，2020，71（7）：2993-2999.

[2] 杨海敏，李立硕，韦藤幼，等．环己烷和苯两种带水剂生产无水乙醇的比较．化工进展，2006，25：142-144.

[3] 居红芳，徐桦，邵艳芳，等．水-环己烷-乙醇体系的液液平衡研究．高校化学工程

学报，2006，20（4）：643-647.

[4] 崔志芹，钱仁渊，云志，等．乙醇-环己烷-水汽液平衡数据的测定与关联．南京工业大学学报，2002，24（3）：87-90.

[5] 郭宁，崔志芹，云志，等．BP神经网络计算乙醇-环己烷-水体系汽-液平衡．南京工业大学学报，2002，24（4）：91-93.

实验 3　二氧化碳临界现象观测及 p-V-T 关系的测定

一、实验目的

① 观测 CO_2 临界状态现象，增加对临界状态概念的感性认识。

② 加深对纯流体热力学状态即汽化、冷凝、饱和态和超临流体等基本概念的理解。

③ 测定 CO_2 的 p-V-T 数据，在 p-V 图上绘出 CO_2 等温线。熟悉用实验测定真实气体状态变化规律的方法和技巧。

④ 掌握低温恒温浴和活塞式压力计的使用方法。

二、实验原理

纯物质的临界点表示气液二相平衡共存的最高温度（T_c）和最高压力点（p_c）。纯物质所处的状态高于 T_c，则不存在液相；高于 p_c，则不存在气相；同时高于 T_c 和 p_c，则为超临界区。本实验测量 $T < T_c$、$T = T_c$、$T > T_c$ 三种温度条件下的等温线。其中 $T > T_c$ 等温线，为一光滑曲线；$T = T_c$ 等温线在临界压力附近有一水平拐点，并出现气液不分现象；$T < T_c$ 等温线分为三段，中间一水平段为气液共存区。

对纯流体处于平衡态时，其状态参数 p、V 和 T 存在以下关系：

$$F（p，V，T）=0 \quad 或 \quad V=f（p，T） \tag{4-7}$$

由相律可知，纯流体在单相区自由度为2，当温度一定时，体积随压力变化而变化；在二相区，自由度为1，温度一定时，压力一定，仅体积发生变化。本实验就是利用定温的方法测定 CO_2 的 p 和 V 之间的关系从而获得 CO_2 的 p-V-T 数据。

三、实验装置和试剂

实验装置由实验台本体、压力台和恒温浴组成，示意图见图 4-6。实验台本体如图 4-7 所示。实验中由压力台送来的压力油进入高压容器和玻璃杯上半部，迫使水银进入预先装有 CO_2 气体的承压玻璃管（毛细管），CO_2 被压缩，其压力和容积通过压力台上活塞杆的进退来调节。温度由恒温水套的水温调节，水套的恒温水由恒温浴供给。CO_2 的压力由压力台上的精密压力表读出（注意：绝对压力＝表压＋大气压），温度由水套内精密温度计读出。比体积由 CO_2 柱的高度除以质面比常数计算得到。

实验试剂：CO_2。

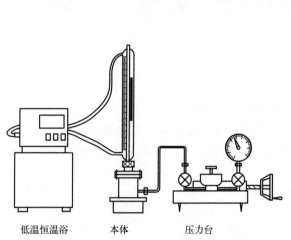

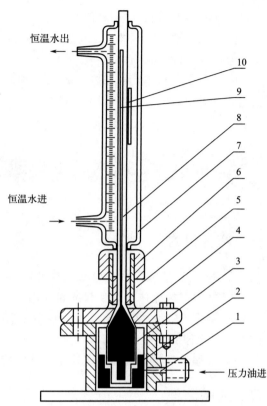

恒温水出

恒温水进

压力油进

图 4-6 CO_2 的 p-V-T 关系测定实验装置

图 4-7 实验台本体

1—高压容器；2—玻璃；3—压力油；4—水银；
5—密封填料；6—填料压盖；7—恒温水套；
8—承压玻璃管；9—CO_2；10—精密温度计

低温恒温浴   本体   压力台

四、实验步骤

1. 实验准备

① 按图 4-6 装好实验设备。

② 接通恒温浴电源，调节恒温水到所要求的实验温度（以恒温水套内精密温度计示数为准）。

③ 加压前的准备——抽油充油操作。

a. 关闭压力表下部阀门和进入本体油路的阀门，开启压力台上油杯的进油阀。

b. 摇退压力台上的活塞螺杆，直至螺杆全部退出。此时压力台上油杯中充满了油。

c. 关闭油杯的进油阀，然后开启压力表下部阀门 1/4 圈和进入本体油路的阀门 1～2 圈。

d. 摇进活塞杆，使本体充油。直至压力表上有压力读数显示、毛细管下部出现水银为止。

e. 如活塞杆已摇进到头，压力表上还无压力读数显示，毛细管下部未出现水银，则重复步骤 a～d。

f. 再次检查油杯的进油阀是否关闭，压力表及其进入本体油路的两个阀门是否开启。温度是否达到所要求的实验温度。如条件均已调定，则可进行实验测定。

2. 测定承压玻璃管（毛细管）内 CO_2 的质面比常数 K

由于承压玻璃管（毛细管）内的 CO_2 质量不便测量，承压玻璃管（毛细管）内径（截面积）不易测准。本实验用间接方法确定 CO_2 的比体积。假定承压玻璃管（毛细管）内径均匀一致，CO_2 比体积和高度成正比。具体方法如下：

① 由文献可知，纯 CO_2 液体在 $25℃$、$7.8MPa$ 时，比体积 $V=0.00124m^3/kg$。

② 实验测定本装置在 $25℃$、$7.8MPa$（表压为 $7.7MPa$）时，CO_2 柱高度为

$$\Delta h_0 = h' - h_0$$

式中，h_0 为承压玻璃管（毛细管）内径顶端的刻度（酌情扣除尖部长度）；h' 为测量温度、压力下水银柱上端液面刻度（注意玻璃水套上刻度的标记方法）。

$25℃$、$7.8MPa$ 下 CO_2 比体积为

$$V = \frac{\Delta h_0 A}{m} = 0.00124 m^3/kg \tag{4-8}$$

则质面比常数 K 为

$$K = \frac{m}{A} = \frac{\Delta h_0}{0.00124} \tag{4-9}$$

式中，m 为 CO_2 质量；A 为承压玻璃管（毛细管）截面积；K 为质面比常数。

若已知测量温度压力下 CO_2 柱高度 Δh，则此条件下 CO_2 比体积为

$$V = \frac{h - h_0}{m/A} = \frac{\Delta h}{K} \tag{4-10}$$

3. 测定低于临界温度下的等温线（$T = 20℃$ 或 $25℃$）

① 将恒温水套温度调 $20℃$ 或 $25℃$，并保持恒定。

② 压力从 $4.0MPa$ 左右（毛细管下部出现水银面）开始，读取相应水银柱上端液面刻度，记录第一个数据点。读取数据前，一定要有足够的平衡时间，保证温度、压力和水银柱高度恒定。

五、实验数据记录

实验数据记录于表 4-8。

室温：_____℃   大气压：_____MPa   毛细管内部顶端的刻度 $h_0 =$_____m

$25℃$、$7.8MPa$ 下 CO_2 柱高度 $\Delta h_0 =$_____m   质面比常数 $K =$_____kg/m^2

表 4-8　不同温度下 CO_2 的 p、V 数据测定结果

序号	$T=25℃$				$T=31.1℃$				$T=40℃$			
	p（绝压）/MPa	Δh/cm	$V=\frac{\Delta h}{K}$/（m³/kg）	现象	p（绝压）/MPa	Δh/cm	$V=\frac{\Delta h}{K}$/（m³/kg）	现象	p（绝压）/MPa	Δh/cm	$V=\frac{\Delta h}{K}$/（m³/kg）	现象

序号	T=25℃				T=31.1℃				T=40℃			
	p（绝压）/MPa	Δh /cm	$V=\dfrac{\Delta h}{K}$ /（m³/kg）	现象	p（绝压）/MPa	Δh /cm	$V=\dfrac{\Delta h}{K}$ /（m³/kg）	现象	p（绝压）/MPa	Δh /cm	$V=\dfrac{\Delta h}{K}$ /（m³/kg）	现象
	等温实验时间： min				等温实验时间： min				等温实验时间： min			

六、实验数据处理

1. 数据处理步骤

① 按 25℃、7.8MPa 时 CO_2 液柱高度 $\Delta h_0 = h' - h_0$，计算承压玻璃管（毛细管）内 CO_2 的质面比常数 K。

② 按表 4-8 Δh 数据计算不同压力下 CO_2 的比体积 V，计算结果填入表 4-8。

③ 按表 4-8 三种温度下 CO_2 的 p-V-T 数据在 p-V 坐标系中画出三条 p-V 等温线。

④ 估计 25℃下 CO_2 的饱和蒸气压，并与 Antoine 方程计算结果比较。

⑤ 按表 4-9 计算 CO_2 的临界比体积 V_c。

表 4-9　CO_2 的临界比体积 V_c　　　　　单位：m³/kg

文献值	按 p-V 等温线实验值	按理想气体方程 $V_c = RT_c/p_c$	按 van der Waals 方程 $V_c = 3RT_c/(8p_c)$
0.00216			

2. 计算示例（实验数据列于表 4-10）

室温 26℃，大气压 0.10183MPa，毛细管内部顶端的刻度 $h_0 = 0.012$m

表 4-10 不同温度下 CO_2 的 p、V 数据测定结果

序号	$T=25℃$				$T=31.1℃$				$T=40℃$			
	p（绝压）/MPa	$\Delta h/$cm	$V=\dfrac{\Delta h}{K}$ /（m^3/kg）	现象	p（绝压）/MPa	$\Delta h/$cm	$V=\dfrac{\Delta h}{K}$ /（m^3/kg）	现象	p（绝压）/MPa	$\Delta h/$cm	$V=\dfrac{\Delta h}{K}$ /（m^3/kg）	现象
1	4.41	32.4	0.00837		4.41	34.0	0.00878		4.55	34.7	0.00869	
2	4.90	27.6	0.00713		5.39	25.5	0.00659		4.90	31.6	0.00816	
3	5.39	23.5	0.00607		5.88	21.8	0.00563		5.39	27.8	0.00718	
4	5.88	19.6	0.00506		6.37	18.4	0.00475		5.88	24.2	0.00625	
5	6.37	15.7	0.00406		6.86	15.1	0.00390		6.37	21.3	0.00550	
6	6.50	14.3	0.00369	开始液化	7.20	12.3	0.00318		6.86	18.6	0.00481	
7	6.53	5.2	0.00135	全部液化	7.25	11.8	0.00305	接近临界点	7.35	16.0	0.00413	
8	6.86	5.1	0.00132		7.30	10.9	0.00282		7.40	15.7	0.00406	
9	7.35	4.9	0.300127		7.35	10.0	0.00258		7.55	14.9	0.00385	
10	7.80	4.8	0.00124		7.40	7.9	0.00204		7.70	14.2	0.00367	
11	7.84	4.8	0.00124		7.84	5.5	0.00142		7.84	13.6	0.00351	
12	8.00	4.8	0.00124		8.00	5.3	0.00137		8.00	12.7	0.00328	
	等温实验时间： min				等温实验时间： min				等温实验时间： min			

表 4-11　CO_2 的临界比体积 V_c　　　　　　　单位：m^3/kg

文献值	按 p-V 等温线实验值	按理想气体方程 $V_c=RT_c/p_c$	按 van der Waals 方程 $V_c=3RT_c/（8p_c）$
0.216	0.00204	0.00779	0.002923

① 计算 CO_2 的质面比常数 K：

$$\Delta h = h' - h_0 = 0.060 - 0.012 = 0.048（m）$$

$$K = \frac{\Delta h_0}{0.00124} = 38.91（kg/m^2）$$

② 按 $V=\dfrac{\Delta h}{K}$ 计算不同压力 p 下 CO_2 的比体积 V，也列于表 4-10。

③ 按表 4-10 数据绘出 25℃、31.1℃和 40℃下等温线（略）。

④ 由 Antoine 方程 $\lg p^S = A - B/（T+C）$ 计算 25℃下 CO_2 的饱和蒸气压，$p^S=6.44$ MPa，由 25℃的 pV 等温线估计 $p^S=6.50$ MPa，二者比较接近。

⑤ CO_2 的临界比体积 V_c 实测和计算结果也列于表 4-11。从表中数据可知 V_c 实验值与文献值符合较好，按理想气体方程计算结果误差最大。

七、实验结果、讨论和思考题

1. 实验结果

给出实验数据处理的主要结果。

2. 讨论

① 试分析实验误差和引起误差的原因。

② 指出实验操作应注意的问题。

3. 思考题

① 质面比常数 K 对实验结果有何影响？为什么？

② 分析本实验的误差来源，如何使误差尽量减少？

③ 为什么测量 25℃ 下等温线时，出现第 1 个小液滴时的压力和最后一个小气泡将消失时的压力应相等（试用相律分析）？

八、注意事项

① 实验压力不能超过 8 MPa，实验温度不高于 40℃。

② 应缓慢摇进活塞螺杆，否则来不及平衡，难以保证恒温恒压条件。

③ 一般，按压力间隔 $0.3\sim0.5MPa$ 升压。但在将要出现液相，存在气液二相及气相将完全消失以及接近临界点的情况下，升压间隔要很小，升压速度要缓慢。

④ 由压力表读得的数据是表压，数据处理时应按绝对压力计算。

九、知识拓展

CO_2 作为主要温室气体之一，其排放导致了冰川融化、海平面上升等一系列的环境问题。根据政府间气候变化专门委员会（IPCC）的气候变化评估报告，大气中的 CO_2 浓度已经从工业革命前的 2.8×10^{-4} 增加到 2023 年的 4.2×10^{-4}，据推测，全球要降低 60% 的 CO_2 排放量才能防止环境和气候进一步恶化。我国作为全球 CO_2 排放量最大的国家之一，如何减少 CO_2 排放也就成了当下所面临的严峻挑战。

目前，减少 CO_2 的排放主要有三种方法：①提高能源的利用效率，从而减少化石能源的使用降低排放；②研究更先进的碳捕集与储存技术（CCUS），将大气中的温室气体 CO_2 进行捕集封装保存，从而降低大气中的 CO_2 含量；③大力发展可再生能源，比如风能、太阳能、生物质能等，提高可再生能源的占比，从而减少化石能源的使用，降低温室气体的排放。其中，CCUS 技术是目前唯一可以大规模减少在原料转化、工厂和电力行业中因使用化石原料而产生温室气体排放的技术措施，它在碳减排方面有着十分重大的意义。

大量证据表明，CO_2 封存对地质结构乃至安全的影响意义重大，CO_2-H_2O 及 CO_2-H_2O-电解质体系可以出现在许多不同的地质环境中，研究 CO_2-H_2O 体系 pVT 数据及组成相关的热力学性质对理解 CO_2-H_2O-矿物相互作用，矿物、岩石和矿床的形成与演化，沉积与变质等许多地质过程均十分重要。例如，在矿床地球化学研究中，通过含水流体包裹体热力学性质的研究可以获得相关地质过程的温度、压力和流体组成等物理化学参数。

十、参考文献

［1］施云海．化工热力学．3版．上海：华东理工大学出版社，2022．

［2］于丹丹．CO_2-H_2O体系压力-体积-温度-组成（$pVTx$）性质——数据评价与模拟．石家庄：石家庄经济学院，2014．

［3］Wang H，Liu Y，Aatto Laaksonen A，et al. Carbon recycling-An immense resource and key to a smart climate engineering：A survey of technologies，cost and impurity impact. Renewable and Sustainable Energy Reviews，2020，131：110010．

［4］孙艳，刘聪敏，苏伟，等．水存在条件下CO_2在多壁碳纳米管上吸入平衡研究．离子交换与吸附，2008，24（6）：551-556．

［5］王建秀，吴远斌，于海鹏．二氧化碳封存技术研究进展．地下空间与工程学报，2013，9（1）：81-90．

附录：CO_2的 p-V-T 关系曲线见图4-8。

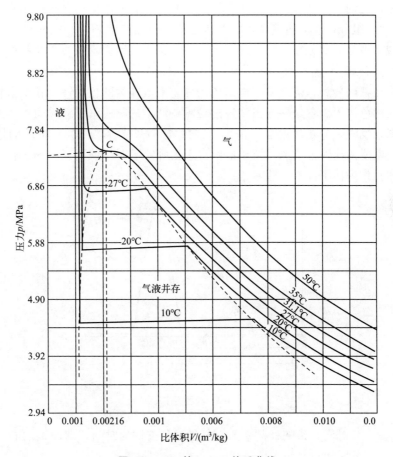

图 4-8 CO_2 的 p-V-T 关系曲线

实验 4　气相色谱法测定无限稀释溶液的活度系数

一、实验目的

① 掌握色谱法测无限稀释溶液活度系数 γ^{∞} 的原理，初步掌握测定技能。

② 熟悉气相色谱仪的构成、工作原理和正确使用方法。

③ 测定给出的两个组分的比保留体积及无限稀释下的活度系数，并计算其相对挥发度。

二、实验原理

色谱是一种物理化学分离和分析方法。一般涉及两个相：固定相和流动相。流动相对固定相作连续相对运动。被分离样品各组分（溶质）与两相有不同的分子作用力（分子、离子间作用力），因各组分在流动相带动下的差速迁移和分布离散不同，在两个相间进行连续多次分配的不同而最终实现分离。简而言之，气液色谱主要因固定液对于样品中各组分溶解能力的差异而使其分离。

试样组分在柱内分离，随流动相洗出色谱柱，形成连续的色谱峰，在记录仪等速移动的记录纸上描绘出色谱图。它是柱流出物通过检测器产生的响应讯号对时间（或流动相流出体积）的曲线图，反映组分在柱内运行情况，因载气（H_2 或 N_2、He）带动的样品组分量很少，在吸附等温线的线性范围内，流出曲线（色谱峰）呈对称状高斯分布。图 4-9 表示为单组分的色谱图，作为例子说明一些术语。

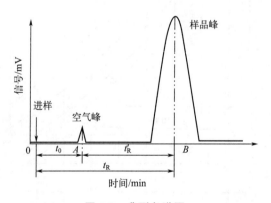

图 4-9　典型色谱图

色谱图中　t_0——死时间，指随样品带入空气通过色谱柱的时间，即图上的 OA 距离所代表的时间；

t_R——保留时间，指样品中某组分通过色谱柱所需要的时间，即图上的 OB 距离所代表的时间；

t'_R——实际保留时间，$t'_R = t_R - t_0$，即图上的 AB 距离所代表的时间。

对色谱可作出几个合理的假设：①样品进样非常小，各组分在固定液中可视为处于无限稀释状态，分配系数为常数；②色谱柱温度控制精度可达到±0.1℃，视为等温柱；③组分在气、液两相中的量极小，且扩散迅速，时时处于瞬间平衡状态，可设全柱内任何点处于气液平衡；④在常压下操作的色谱过程，气相可按理想气体处理。由此，可推导出无限稀释活度系数 γ^{∞} 计算公式：

$$\gamma^{\infty} = \frac{TR}{M_L p^S \nu_g} \tag{4-11}$$

式中　T——柱温，K；

R——气体常数，62.36×10^3 mL·mmHg/（K·mol）；

M_L——固定液的分子量；

p^S——溶质在柱温下的饱和蒸气压，可按 Antoine 方程计算，mmHg；

ν_g——溶质在柱中比保留体积，即单位质量固定液所显示的保留体积，mL/g。

$$\nu_g = \frac{V_g}{W_L} = \frac{t'_R \overline{F}}{W_L} = \frac{(t_R - t_0)\overline{F}}{W_L} \tag{4-12}$$

式中　W_L——固定液质量，g；

V_g——保留体积，mL；

$\overline{F}$——在室温、大气压下，用皂膜流量计测的载气流速 F_0 校正到柱温时的平均载气流速，mL/min。

$$\overline{F} = \frac{3}{2}\left[\frac{(p_b/p_0)^2 - 1}{(p_b/p_0)^3 - 1}\right]\left(\frac{p_0 - p_W}{p_0}\right)\left(\frac{T}{T_0}\right)F_0 \tag{4-13}$$

式中，p_W 为室温下水的饱和蒸气压；p_0 为气压计读数；T_0 为室温，K；p_b 为进色谱柱前压力；T 为柱温，K。

组分 i 对 j 的相对挥发度：

$$\alpha_{ij} = \frac{y_i/x_i}{y_j/x_j} = \frac{\gamma_i \varphi_i^0 p_i^S \hat{\varphi}_i \exp\left[\dfrac{V_{iL}(p - p_i^S)}{RT}\right]}{\gamma_j \varphi_j^0 p_j^S \hat{\varphi}_j \exp\left[\dfrac{V_{iL}(p - p_j^S)}{RT}\right]}$$

可简化为：

$$\alpha_{ij}^{\infty} = \frac{\gamma_i^{\infty} p_i^0}{\gamma_j^{\infty} p_j^0} = \frac{t'_{Rj}}{t'_{Ri}} \tag{4-14}$$

式中，y_i、y_j 是组分 i、j 的气相摩尔分数；x_i、x_j 是组分 i、j 的液相摩尔分数；γ_i、γ_j 是组分 i、j 的活度系数；φ_i^0、φ_j^0 是组分 i 和 j 在物系温度 T 和饱和蒸气压 p_i^s、p_j^s 下的逸度系数；V_{iL}、V_{jL} 是组分 i、j 的液相摩尔体积；$\hat{\varphi}_i$、$\hat{\varphi}_j$ 是气相中组分 i、j 的逸度系数。

三、实验装置和试剂

1. 实验装置流程

本实验用改装过的 SP-6800A 气相色谱仪，能补偿因温度变化和高温下固定液流失产生的噪声，数据采集和处理由色谱工作站进行。实验装置流程图见图 4-10。

色谱仪由以下几个部分组成：①载气供输系统，指气源、载气压力、流速控制装置和显示仪表；②进样系统，指汽化室、气体进样阀，通常用微量注射器将针头全部插入汽化室；③气相色谱柱，有填充柱和毛细管柱两类，为色谱的核心；④温控系统，有恒温柱箱、温度

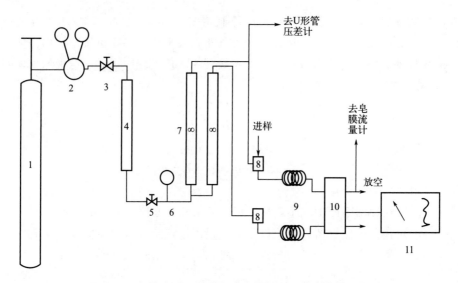

图 4-10　色谱法测无限稀释溶液的活度系数实验流程图

1—气瓶；2—减压阀；3—控制阀；4—净化器；5—稳压阀；6—压力表；7—流量计；
8—汽化器；9—色谱柱；10—检测器；11—色谱工作站

测量控制部分，为准确测温，常用水银温度计测柱温；⑤检测系统，常用热导检测器（TCD）或氢火焰离子化检测器（FID）；⑥N2000 色谱数据工作站和计算机。

2. 实验仪器

SP-6800A 气相色谱仪，N2000 色谱数据工作站和计算机；U 形水银压力表；气压计；皂膜流量计；氢气钢瓶及减压阀；停表；精密温度计；净化器；微量进样器（5μL）；红外灯；真空泵等。

3. 试剂

固定液为邻苯二甲酸二壬酯（色谱纯）；载体为 101、102 白色担体或其他；乙醚（色谱纯）；氢气（99.9%以上）；变色硅胶；分子筛；环己烷、正己烷、正庚烷、乙醇、丙酮、辛烷、异丙醇等试剂（分析纯）。

四、实验步骤

① 开启载气钢瓶，调节载气流量。

② 开启色谱仪电源，调节控制汽化室温度（100～120℃）、色谱柱室温度（80～100℃）和检测器温度（100～120℃）。

③ 待温度稳定后，打开热导检测器电流，调节桥流至 120～150 mA。开启 N2000 色谱数据工作站和计算机，走基线，待基线稳定后可进样测定。

④ 用皂膜流量计和秒表测量载气流速，同时记录 U 形管压差计读数、室温、大气压。

⑤ 用 5μL 微量注射器抽取样品 0.2μL 再吸入空气 4μL 一道进样。按色谱工作站即计算机系统图谱计时，测量空气峰和溶质峰的保留时间。每个样品重复进行 2～3 次，如重复性好，取其平均值，否则需重新测试。

⑥ 结束工作，先关电源。按上述步骤相反顺序关闭所有电源，并使所有旋钮回到初始位置。当柱温和检测器温度降到接近室温时关闭钢瓶总阀，当压力表显示为零时，关闭钢瓶

减压阀和载气稳压阀。

五、实验数据记录

实验数据按表 4-12 列出。

表 4-12 实验数据记录

日期：_____ 室温：____20____ ℃ 大气压：____102.09____ kPa

汽化室温度：____100____ ℃ 热导检测器温度：____100____ ℃ 桥流：____150____ mA

固定液名称：邻苯二甲酸二壬酯 质量：0.6853g 分子量：418.6

室温下水的饱和蒸气压 p_W ____17.55____ mmHg

| 序号 | 柱温 T/℃ | U 形管压差计示数 /mmHg | 柱前压力（绝压） /mmHg | 载气流速 F_0 /（mL/min） | 保留时间/min | | | | | 备注 |
					空气	丙酮	正己烷	正庚烷	环己烷	
1										
2										
3										
平均										
4										
5										
6										
平均										
7										
8										
9										
平均										

六、实验数据处理

根据表 4-12 的结果计算出各样品的柱温下蒸气压、比保留体积 ν_g、α_{ij}、γ^{∞}，并给出计算实例。结果列于表 4-13。

表 4-13 无限稀释活度系数和相对挥发度

| 序号 | 溶质 | 分子式 | 沸点 /℃ | Antoine 常数 | | | 柱温下蒸气压 /mmHg | 比保留体积 /ν_g | γ^{∞} | 相对挥发度/α_{ij} |
				A	B	C				
1	正己烷	C_6H_{14}	68.7	15.8366	2697.55	−48.78				
2	正庚烷	C_7H_{16}	98.4	15.8737	2911.32	−56.51				
3	丙酮	C_3H_6O	56.0	16.6573	2940.46	−35.93				

七、实验结果、讨论和思考题

1. 实验结果、讨论

给出主要实验结果，并进行分析讨论。

2. 思考题

① 无限稀释活度系数的定义是什么？测定这个参数有什么用处？

② 气相色谱基本原理是什么？色谱仪由哪几个基本部分组成？各起什么作用？

③ 测 γ^{∞} 的计算式推导做了哪些合理的假设？

④ 如果溶剂也是易挥发物质，本法是否适用？

⑤ 影响测定准确度的因素有哪些？

八、注意事项

① 在进行色谱实验时，必须严格按照操作规程，开机先通载气后开电源，关机先关电源再关载气。实验进行中一旦出现载气断绝，应立即关闭热导检测器电源开关，以免热导丝烧断。有漏气现象应关闭钢瓶总阀，关闭电源，找出原因。

② 保持室内通风，尾气引出室外，严禁明火，不准吸烟。

③ 微量注射器是精密器件，价高易损坏，使用时轻轻缓拉针芯取样，不能拉出针筒外，用毕放回原处，注意标签不乱用。

九、知识拓展

混合溶液中组分的无限稀释活度系数 γ^{∞} 是化工热力学领域重要的基础数据，也在许多产品开发中具有重要应用价值。众所周知，从混合物中分离制备纯物质时，纯度要求越高，需要付出的能耗成本越大，原因就在于在无限稀释时，体系对理想溶液的偏离程度最大，因此准确获取无限稀释活度系数成为解决上述难题的关键。另外，治理大气环境污染已成为实现"绿水青山"迫切需要解决的难题，其中 NO_x、SO_2 等在大气中就可以看作是无限稀释溶液，因而有必要研究其无限稀释活度系数，从而开发出能耗更低、效果更好的治理方法。

目前，无限稀释活度系数已广泛应用于解决化学工程领域如下问题：①分离过程的合成、设计和优化；②亨利定律常数的计算；③预测共沸物的存在；④开发新的热力学活度系数预测模型；⑤液体混合物行为的表征。

测定无限稀释活度系数的主要实验方法有惰性气体气提法、沸点计法和气相色谱法等。其中气相色谱法（gas chromatography）测定 γ^{∞} 是 Littleweod 等于 1955 年提出的，由溶质的保留时间测定值推算溶质在溶剂中的 γ^{∞}，进而可计算任意浓度的活度系数、无限稀释偏摩尔溶解热等热力学数据。无限稀释溶液的活度系数 γ^{∞} 测定，已显示出气相色谱法在热力学性质研究、气液平衡推算、萃取精馏溶剂选择等多方面的应用，它具有高效、快捷、简便和样品用量少等特点。

十、参考文献

[1] 刘虎威. 气相色谱方法及应用. 3 版. 北京：化学工业出版社，2023.

［2］于世林．色谱过程理论基础．北京：化学工业出版社，2019.

［3］薛慧峰．气相色谱及其联用技术在石油炼制和石油化工中的应用．北京：化学工业出版社，2020.

［4］陈尊庆．气相色谱法与气液平衡研究．天津：天津大学出版社，1991.

［5］王益龙．以无限稀释活度系数估算 C_4-DMF 体系 Wilson 方程二元参数．炼油技术与工程，2021，51（11）：38-42.

［6］浙江大学化学工程系．化学工程实验．杭州：浙江大学出版社，1993.

［7］北京大学化学系．物理化学实验．北京：北京大学出版社，1981.

实验 5　气相扩散系数的测定

一、实验目的

了解利用斯蒂芬扩散管（Stefan Cell）测定气相扩散系数的原理及基本流程。掌握气相扩散系数的测定方法。

二、实验原理

利用液体在敞口直管内的稳态蒸发（斯蒂芬扩散管原理）可以测定气体的分子扩散系数，该法由于测量精度较高而被广泛采用。

在实验中将装有液体 A 的斯蒂芬扩散管置于恒温水槽中，惰性气体 B（如空气）以恒定的流速流过扩散管管顶（图 4-11）。由于气体流速较低，管内液体离开管顶有一定距离，故可认为在扩散管管内的液体 A 上部存在静止气层，液体 A 的分子向上蒸发通过静止气层扩散至管口。在管口少量的 A 组分被大量的惰性气流 B 带走，因而管口处 A 组分的分压可视为零，紧贴 A 组分液面上方的分压为其在实验温度下的饱和蒸气压。组分 A 的汽化使扩散距离 Z 不断增加，记录时间 t 与距离 Z 的关系即可计算出 A 在 B 中的扩散系数。

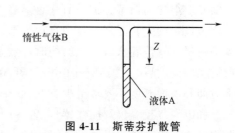

图 4-11　斯蒂芬扩散管

三、实验装置和试剂

1. 实验装置与流程

本实验装置如图 4-12 所示。实验中先将易挥发的待测液体 A 装入扩散管至一定高度。惰性气体 B（空气）由无油气体压缩机输出，经针形阀、稳流阀调节及稳定流量后，由转子流量计计量后进入恒温水槽下部的气体预热器预热，使进入斯蒂芬扩散管的气体 B 的温度达到与实验温度一致。此时，气体 B 就可以恒定流速从斯蒂芬扩散管上方流过，并将管口处少量扩散上来的 A 组分带走，排入大气。

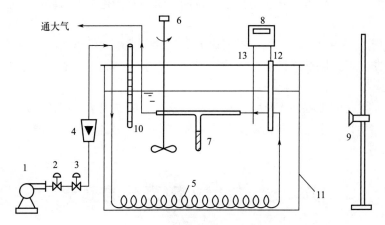

图 4-12　实验装置与流程图

1—无油气体压缩机；2—针形阀；3—稳流阀；4—转子流量计；5—气体预热器；

6—搅拌器；7—斯蒂芬扩散管；8—数显温控仪；9—测高仪；10—精密温度计；

11—恒温水槽；12—加热器；13—温控仪铂电阻探头

2. 实验试剂

本实验中液体 A 所采用的试剂从以下几种试剂中选用一种：无水乙醚（分析纯）、丙酮（分析纯）、正戊烷（分析纯）、二氯甲烷（分析纯）、无水乙醇（分析纯）、乙酸乙酯（分析纯）等。本实验惰性气体 B 采用空气，由无油气体压缩机提供。

四、实验步骤

实验时，先向斯蒂芬扩散管中注入液体 A，开启恒温水浴的搅拌装置，开启控温仪电源，调节设定的实验温度后转为自动控温。开启无油气体压缩机，利用稳流阀或针形阀调节气体的流量。在恒温水浴升温的同时，熟悉并掌握测高仪的正确使用和准确读数。当温度升至所需实验温度后，稳定 5～10min，开始测定实验数据。每隔 15min 左右测定一次数据，记下时间和液面高度。要求至少有 6～8 个点的数据。实验完毕后，关闭气源（无油气体压缩机）和电源（控温仪及搅拌器），置各阀于正常位置，将扩散管内的剩余液体吸出，清理实验物品及实验现场，以便下一组同学实验。

五、实验数据记录

1. 实验环境

记录下当天的室温、大气压（由动槽式水银气压表读出）。

2. 实验数据记录表

将实验数据记录于表 4-14 中。

表 4-14　实验数据记录表

体系：_____　　体系温度：_____℃　　装置号：_____

空气流量：_____mL/min　　大气压：_____mmHg　　液面初始高度 Z_0：_____cm

序号	时间		测高仪读数 Z_i/cm	$\dfrac{y}{2}=\dfrac{Z_0-Z_i}{2}$	$\dfrac{t}{y}$
	t/min	t/s			

注：表中 t 为累计时间。

六、实验数据处理

1. 主要计算公式

根据 A 组分在静止 B 组分中一维（单向）扩散过程，可导出下式：

$$\frac{y}{2}=\frac{D_{AB}p}{\rho_A RT}\times\ln\left(\frac{p-p_{A0}}{p-p_A^S}\right)\times\frac{t}{y}-(Z_0-\Delta Z) \tag{4-15}$$

式中　D_{AB}——A 组分在 B 组分中的扩散系数，cm^2/s；

　　　p——系统总压，atm；

　　　ρ_A——液体 A 的密度，mol/cm^3；

　　　R——气体常数，82.06 atm·cm^3/（mol·K）；

　　　T——系统温度，K；

　　　p_{A0}——扩散管管口 A 组分的分压，atm；

　　　p_A^S——液体 A 在系统温度下的饱和蒸气压，atm；

　　　y——液面总下降高度，$y=Z_i-Z_0$；

　　　Z_0——管内液面初始高度，cm；

　　　Z_i——任意时刻时的液面高度，cm；

　　　ΔZ——末端长度修正因子，cm。

显然，$y/2$ 与 t/y 呈现一直线关系。以 t/y 为横坐标，$y/2$ 为纵坐标，将实验数据在坐标纸上作图，求出斜率，继而可求出扩散系数 D_{AB}。也可以在计算机上利用程序设计语言，编写最小二乘法求直线斜率的程序，将实验结果上机调试通过。

2. 数据处理方法

① 记录下水浴温度（即该物系的扩散温度）、气体流量，在气压计上读取当天的大气压数据。查取计算方程所需的物性常数。

② 根据实验数据计算 $y/2$ 与 t/y，列于表 4-14。

③ 以 t/y 为横坐标，$y/2$ 为纵坐标，在坐标纸上作图，求出斜率，继而求出扩散系数 D_{AB}。

④ 在数据手册上查出 D_{AB} 的文献值（注意：需进行压力及温度校正）和利用经验公式得出的 D_{AB} 计算值，分别与本次实验所得的 D_{AB} 实验值进行比较，求出相对误差 E_1 和 E_2。

七、实验结果、讨论和思考题

1. 实验结果、讨论

给出实验结果，对实验结果进行分析，讨论误差来源。对实验提出改进意见。

2. 思考题

① 本实验进行扩散的推动力是什么？

② 气相扩散系数的常用单位和量级范围是什么？

③ 你掌握了哪些气相扩散系数的理论计算公式？

④ 何为稳态扩散？本实验属于稳态还是非稳态扩散过程？

⑤ 气体流量的大小、扩散管直径的粗细、水浴温度的高低对扩散系数有何影响？实验中哪些因素会影响到测量结果？

⑥ 扩散管管口处 A 组分的分压 p_{A0} 近似等于多少？为什么？

八、注意事项

① 实验过程中，应随时注意水浴温度、气体流量的稳定。

② 读取数据时要不断调整测高仪上目镜的水平气泡，要使得目镜始终保持水平。

③ 液面高度的确定和所测时刻应保持同步。

④ 测高仪上的光学镜头不可触摸。

⑤ 由于本实验所选用的液体 A 大都是易挥发、易燃、易爆、低沸点的液体，故实验室严禁烟火。

九、知识拓展

扩散一般是指由于体系内存在浓度差而产生的物质传递现象。分子扩散是物质传递的基本方式之一。在扩散过程的计算中，扩散系数是必须具备的重要物性参数。然而由于扩散系数的实验测定比较困难，目前文献中扩散系数包括气相扩散系数的实验数据还不够充分。如何使用简便的实验仪器得到可靠的扩散系数数据，是实验研究者长期追求的一个目标。

气相扩散系数的测量方法可分成两类。一类是动态法，如 Loschmid 扩散室法。它是根据经过一定扩散时间后的气体浓度变化得出扩散系数的。该法不仅需要分析气体的组成，而且计算比较烦琐。另一类是稳态法，例如 Stefan Cell 和多孔隔板法。其中 Stefan Cell 设备简单，实验误差小，并且不需要分析气体组成。由于上述优点，这种方法迄今为止仍然是测量易挥发液体蒸气气相扩散系数最常用的方法。

本实验的实验装置由南京工业大学化工学院谷和平老师设计搭建。这套实验装置不仅用于向学生进行专业实验教学，而且基于该装置首次测定的许多体系的扩散系数，被包括时钧院士主编的《化学工程手册》在内的许多专著和论文采用。

十、参考文献

［1］谷和平，肖人卓．拟稳态法测定气相扩散系数．南京工业大学学报，1993，15（3）：1-7.

［2］Rousseau R W. Handbook of separation process technology. ［S. l.］：John Wiley & Sons Inc.，1987.

［3］时钧．化学工程手册．2版．北京：化学工业出版社，1996.

［4］Perry R H，Green D，Maloney J O. Perry's chemical engineer's handbook 6th edition. ［S. l.］：McGraw Hill Professional Pub，1984.

［5］荣俊锋，张晔，李伏虎，等．气相扩散系数测定研究．广州化工，2022，50（22）：205-207.

实验 6　连续均相反应器停留时间分布的测定

一、实验目的

① 了解停留时间分布实验测定方法及数据的处理方法。

② 加深对停留时间分布概念的理解。

③ 掌握脉冲示踪法测定反应器内示踪剂浓度随时间的变化关系。

④ 通过实验数据求出反应器的停留时间分布密度函数 $E(t)$ 和停留时间分布函数 $F(t)$、停留时间分布数学特征值（数学期望和方差），并和多级混合模型或轴向扩散模型关联，确定模型参数（虚拟级数 N）。

二、实验原理

由于连续流动反应器内流体速度分布不均匀，或某些流体微元运动方向与主体流动方向相反及内部构件等原因，反应器内流体流动产生不同程度的返混。在反应器设计、放大和操作时，往往需要知道反应器中返混程度的大小。通过停留时间分布测定能定量描述返混程度的大小。因此停留时间分布测定技术在化学反应工程领域中有一定的地位。

停留时间分布可用分布函数 $F(t)$ 和分布密度函数 $E(t)$ 来表示，两者的关系为

$$F(t) = \int_0^t E(t)\mathrm{d}t \tag{4-16}$$

$$E(t) = \frac{\mathrm{d}F(t)}{\mathrm{d}t} \tag{4-17}$$

测定停留时间分布最常用的方法是阶跃示踪法和脉冲示踪法。

阶跃法：

$$F(t) = \frac{C(t)}{C_0} \tag{4-18}$$

脉冲法：

$$E(t) = \frac{U}{Q_入}C(t) \tag{4-19}$$

式中，$C(t)$为时间t时反应器出口的示踪剂浓度；C_0为阶跃示踪时反应器入口的示踪剂浓度；U为流体的流量；$Q_入$为脉冲示踪瞬间注入的示踪剂量。

由此可见，若采用阶跃示踪法，测定出口示踪物浓度变化，即可得到$F(t)$函数；而采用脉冲示踪法，则测定出口示踪物浓度变化，就可得到$E(t)$函数。

三、实验装置和试剂

本实验采用脉冲示踪法分别测定三釜串联反应器、单釜与三釜串联反应器、管式反应器、滴流床反应器的停留时间分布，测定是在不存在化学反应的情况下进行的。实验流程见图4-13～图4-15，部分实验装置见图4-16和图4-17。

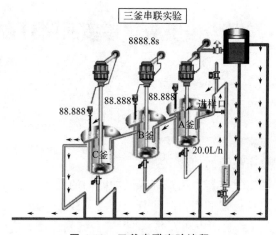

图4-13　三釜串联实验流程

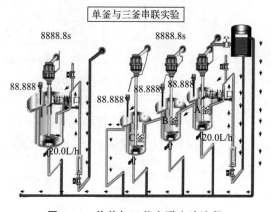

图4-14　单釜与三釜串联实验流程

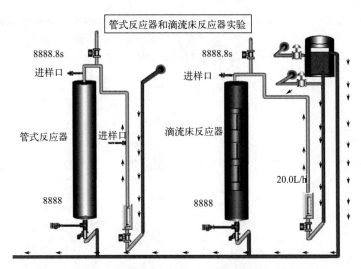

图 4-15　管式反应器和滴流床反应器实验流程

图 4-16　单釜与三釜串联实验装置

图 4-17　管式反应器和滴流床反应器实验装置

实验试剂：氯化钾溶液。

四、实验步骤

① 开启高位槽的上水阀，当高位槽出现溢流后再开启各组实验装置分阀及流量计上的阀门，并将流量调为规定值，保持高位槽溢流状态，使流量稳定。

② 接通搅拌器电源，慢速启动电机，将转速调至所需稳定值。

③ 接通各电导率仪电源，调整电极常数，使其与电极上标出的数值一致。

④ 检查数模转换器连线，接通电源。

⑤ 启动计算机，在桌面上双击图标启动本采集软件，计算机界面图见图 4-18。

⑥ 用针筒在反应器的入口快速注入一定量的 1.7mol/L 的氯化钾溶液，同时单击"开始实验"，此时由计算机实时采集数据。

⑦ 待反应器浓度不再变化后，单击"退出"以结束采集。接着退出"组态环境"进入数据计算与分析，可浏览实验结果，最后可打印出计算结果与图形。

图 4-18　连续均相反应器停留时间分布实验计算机界面图

五、实验数据记录

实验数据列于表 4-15 和表 4-16。

表 4-15　实验条件

反应器类型	流量/（L/h）	示踪剂注入体积/mL	反应器装水体积/mL
单釜与三釜串联反应器			
三釜串联反应器			
管式反应器			
滴流床反应器			

表 4-16　采集的实验数据

时间 t/s	浓度 $C(t)$	$\sum\limits_{0}^{t} C(t)$	$E(t)$	$F(t)$

六、实验数据处理

在一定的温度和浓度范围，氯化钾水溶液的电导率与浓度成正比，由实验测定反应器出口流体的电导率（或与之对应的数模转换器的电压）就可求得示踪剂浓度。从实测的氯化钾水溶液（以自来水作为溶剂）的电导率（或对应的电压）与浓度数据可以看出：当浓度很低时，在一定的温度下，它的电导率（扣除自来水电导率后的净值）较好地与浓度成正比，故在计算 $F(t)$ 和 $E(t)$ 时也可用电导率（或对应的电压）代替浓度。

按式（4-19）～式（4-24）计算实验结果。

(1) 停留时间分布函数

$$F(t) = \frac{\sum\limits_0^t C(t)}{\sum\limits_0^\infty C(t)} \tag{4-20}$$

(2) 停留时间分布密度函数

$$E(t) = \frac{C(t)}{\sum\limits_0^\infty \Delta t C(t)} \tag{4-21}$$

式中，Δt 为采样时间间隔。

(3) 平均停留时间

$$\hat{t} = \tau = \frac{\sum\limits_0^\infty t C(t)}{\sum\limits_0^\infty C(t)} \tag{4-22}$$

(4) 方差

$$\sigma_t^2 = \frac{\sum\limits_0^\infty t^2 C(t)}{\sum\limits_0^\infty C(t)} - \hat{t}{}^2 \tag{4-23}$$

$$\sigma^2 = \frac{\sigma_t^2}{\tau^2} \tag{4-24}$$

(5) 多数混合模型的虚拟级数

$$N = \frac{1}{\sigma^2} \tag{4-25}$$

七、实验结果、讨论和思考题

1. 实验结果

将单釜、三釜、管式反应器和滴流床反应器的实验结果列于表 4-17。

表 4-17　不同类型反应器实验结果

反应器	τ	σ_t^2	σ^2	N
单釜				
釜 A				
釜 B				
釜 C				
管式反应器				
滴流床反应器				

2. 讨论

对实验结果进行分析，讨论误差来源，对实验提出改进意见。

3. 思考题

① 示踪剂输入的方法有几种？为什么脉冲示踪法应该瞬间注入示踪剂？

② 为什么要在流量、转速稳定一段时间后才能开始实验？

③ 把脉冲法所得出口示踪剂浓度对时间作图，试问曲线面积为何意义？

④ 改变流量对平均停留时间有什么影响？

八、注意事项

① 实验过程中应始终保持水流量和转速不变，否则流型将发生变化，水流量的变动还将引起示踪剂物料衡算的误差。

② 示踪剂应尽可能快速注入，否则 $E(t)$ 将不与出口示踪剂浓度成正比，同时数学期望和方差也将出现较大的偏差。

③ 为准确可靠起见，应做 2~3 次平行实验。

九、知识拓展

停留时间的概念源于化学反应器的模型化。第一个反应器模型是 1908 年朗缪尔（Irving Langmuir）提出的轴向扩散模型，但该模型一直没有受到重视。随后，其他更为简单的模型（如 PFR 模型和 CSTR 模型）被广泛接受并一直使用至今。1953 年，丹克沃茨（Danckwerts）明确提出停留时间的现代概念。在实际工业反应器中，由于物料在反应器内的流动速度不均匀、流体的分子扩散和湍流扩散、搅拌而引起的强制对流，以及因内部构件的影响造成物料与主体流动方向相反的逆向流动，或因在反应器内存在沟流、环流或死区等原因，都会导致实际反应器中的流动偏离理想流动，有些在器内停留时间很长，而有些则停留了很短的时间，流体粒子在反应器内的停留时间有长有短，从而形成停留时间分布。

通常测定停留时间分布的方法是刺激相应技术，即在系统中注入示踪剂，然后测定出口处示踪剂浓度随时间的变化关系。示踪剂的选择有如下要求：不发生反应，容易检测，与被示踪的流体具有类似的物性，不粘壁或者表面等。设计示踪实验时，还要考虑示踪剂的进出方式，确定采用脉冲注入还是阶跃注入。根据测试原理的不同，停留时间分布测试方法大致可分为超声波法、光强度法、比色法、光谱法和电导率法等。

目前通过示踪剂测定反应器停留时间分布的方法，仍然是把反应器作为黑箱。如果用一个具有良好传感功能的微小器件，随着反应器中的流体运动，从进口到出口记录所有流动轨迹上的信息，那么反应器就不再是黑箱，而是可以准确描述的透明体系（图4-19）。这方面的一个例子，就是关于龙卷风的研究。科研人员为了研究龙卷风的形成和发展机制，制造了大量的示踪"颗粒"，这些"颗粒"实际上是装配了大量具有先进功能传感器的探测球，当其进入龙卷风剧烈的流动体系时，可以通过无线传输将采集的信息送回地面，从而研究龙卷风内部的流速、压力和温度等信息。另一个例子，是用于人体内部疾病检测的胶囊内镜。人体的消化系统可以看作是一个复杂的连续化操作反应器，在现代纳米微电子技术的发展下，胶囊内镜可以包裹不同功能的微小传感器（如位置、温度、剪切力、图像等），患者通过口服胶囊内镜，使其在消化道内运动并拍摄图像，记录下各个部位的宏观和微观信息（图4-20）。这样医生就能了解患者的整个消化道情况。

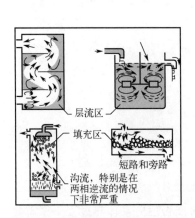

图 4-19　反应器内流动情况示意图

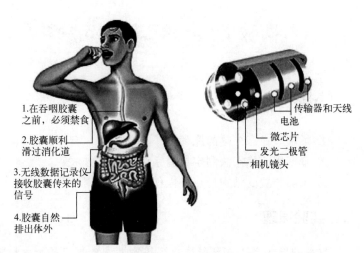

图 4-20　胶囊内镜

十、参考文献

［1］程易，颜彬航，卢滇楠. 反应工程中的停留时间分布理论教学点滴. 化工高等教育，2021，38（6）：140-145.

［2］熊辉，冯连勋，方辉. 物料停留时间分布测试方法及装置进展. 橡塑技术与装备，2007，33（11）：26-30.

［3］金丹，付海玲，吴剑华，等. 混合器停留时间分布的研究进展. 化工进展，2011，30（7）：1399-1405.

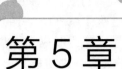

第 5 章

设计型实验

实验 7　非稳态法测定颗粒物料的导温系数

一、实验目的

① 了解非稳态导热的原理。
② 掌握用非稳态法测定导温系数的测定方法。
③ 了解装置的结构特点、操作条件和控制参数。

二、实验原理

材料的导热系数、导温系数等热物性参数不仅是衡量材料能否适应具体热过程工作需要的数量依据，而且是对特定热过程进行基础研究、分析计算和工程设计的关键参数。在传热学的研究中，热物性测试方法和技术的研究具有特别重要的意义。国内现有的热物性数据测试方法大多为稳态法，但由于装置结构复杂、测试时间较长，很难满足材料工业快速筛选的需要。本实验采用非稳态导热原理，建立了导温系数的测试装置，通过快速采集温度与时间数据，可快速测定材料的导温系数，并配套开发了数据采集与处理系统、虚拟仿真系统及微课。

将初始温度均匀的试样管，迅速置于一温度较高的恒温 (T_b) 环境中，使其处于一维（径向）非稳态导热状态。根据试样中心温度随时间的变化规律，确定试样物料的导温系数 α。

实验所用的试样管由薄壁铜管构成（$\varphi 25\text{mm} \times 1.5\text{mm}$，管长为 450mm）。在试样管中心植入热电阻，结构示意见图 5-1。

管内装填被测物料，由于管径与管长之比约为 $1:20$，故试样管内的传热过程可按无限长圆柱的非稳态一维导热过程处理，非稳态一维导热方程表达式为

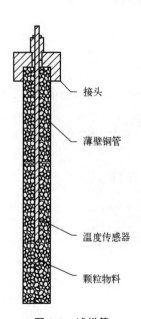

接头

薄壁铜管

温度传感器

颗粒物料

图 5-1　试样管

$$\frac{\partial T}{\partial t} = \alpha \left(\frac{\partial^2 T}{\partial r^2} + \frac{1}{r} \times \frac{\partial T}{\partial r} \right) \tag{5-1}$$

初始条件：

$$t = 0, \ T = T_0 (初始温度)$$

边界条件：

$$r = 0, \ \frac{\partial T}{\partial t} = 0; \ r = r_0, \ T = T_b (水浴温度)$$

这里 r 是到管中心的半径长度。用分离变量法求解式（5-1），代入定解条件可得特解，其特解为含有贝塞尔函数的无穷级数解，如下：

$$\frac{T - T_b}{T_0 - T_b} = \sum_{n=1}^{\infty} \frac{2}{\mu_n J_1(\mu_n)} J_0 \left(\mu_n \frac{r}{r_0} \right) e^{-\mu_n^2 Fo} \tag{5-2}$$

当傅里叶数时间 $Fo = \dfrac{\alpha t}{r_0^2} > 0.2$ 时，方程（5-2）收敛极为迅速，故取上述级数解的第一项（$n = 1$）即可满足要求。当毕渥特准数 $Bi > 100$ 时，μ_1 趋于一常数。对式（5-2）两边取对数，并整理得

$$\ln(T_b - T) = At + C \tag{5-3}$$

式中，$A = -\mu_1^2 \alpha / r_0^2$；$C$ 为常数。方程（5-3）为一线性方程。如用对数温差 $\ln(T_b - T)$ 对时间 t 作图，可得斜率 A，于是物料的导温系数 α 可由下式获得：

$$\alpha = -A \left(\frac{r_0}{\mu_1} \right)^2 \tag{5-4}$$

式中，$\mu_1 = 2.4045$；$r_0 = 0.011\text{m}$。式（5-3）和式（5-4）是测定导温系数的主要依据。

三、实验装置和流程

1. 实验装置

实验装置见图5-2。整套装置由试样管、通道管、恒温槽、热水泵、测温仪表和一体化测控电脑等组成。装置上有三根型号为Pt100的热电阻，分别位于冷水进口、恒温槽和试样管中心。控制柜（图5-3）装有三个数字温度显示智能仪表，分别连接三根热电阻，并通过

图5-2　非稳态法测定颗粒物料导温系数实验装置　　图5-3　实验装置控制面板

两条总线与计算机连接，其中的水浴控温智能仪表还带有控制功能。控制柜测控界面和操作面板分别见图 5-4 和图 5-5。

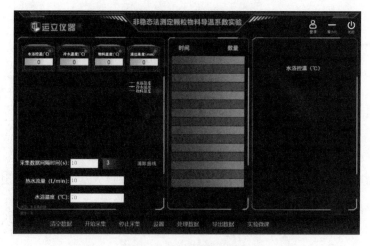

图 5-4　实验测控界面

图 5-5　测控柜操作面板

2. 实验流程

实验过程中通道管内冷热水循环交替工作。冷却时，冷却水经过通道管、冷水流量计排入下水道。冷却的同时，恒温槽内热水经过泵、热水流量计从旁路循环。测试时，恒温槽内热水经过泵、通道管、热水流量计回到恒温槽中。实验流程如图 5-6 所示。

四、实验步骤

（一）手动操作实验步骤

1. 实验准备

① 确认恒温槽中水位在 4/5 高度左右。
② 确认所有手动阀均为关闭。

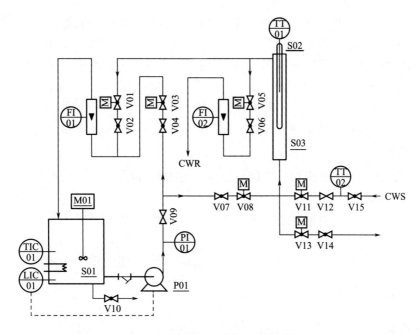

图 5-6　导温系数测定实验流程图

S01—恒温槽；S02—试样管；S03—通道管；M01—搅拌电机；P01—热水泵；LIC01—恒温槽液位控制；
TIC01—恒温槽温度控制；PI01—泵出口压力表；FI01—热水流量计；FI02—冷水流量计；TT01—物料温度传感器；
TT02—冷水温度传感器；V01—通道管热水出口阀（自动）；V02—通道管热水出口阀（手动）；
V03—热水循环阀（自动）；V04—热水循环阀（手动）；V05—通道管冷水出口阀（自动）；
V06—通道管冷水出口阀（手动）；V07—通道管热水进口阀（手动）；V08—通道管热水进口阀（自动）；
V09—泵出口调节阀；V10—恒温槽排放阀；V11—通道管冷水进口阀（自动）；V12—冷水流量调节阀；
V13—通道管排水阀（自动）；V14—通道管排水阀（手动）；V15—自来水阀（手动）

③ 确认"手动·停止·自动"旋钮在"停止"位，确认"冷却·停止·测试"旋钮在"停止"位。

④ 熟悉导温系数测定实验的流程，熟悉工作原理和冷、热水循环操作。

2. 实验过程

① 打开总电源，启动软件，登录软件。在设置里面确定实验环境条件和装置参数，并点击"清空数据"清除上一次实验的数据，确认采集数据间隔时间，输入本次实验条件（水浴温度与热水流量）。

② 在控制面板上将"手动·停止·自动"旋钮打向"手动"位。

③ 设定水浴温度到实验要求值，打开加热，打开水浴搅拌。

④ 启动热水泵，使热水在旁路系统循环，并保持在水浴设定温度。

⑤ 打开热水循环阀 V04，通过泵出口调节阀 V09 调节热水流量至最大。

⑥ 冷却物料：打开自来水阀 V15、通道管冷水出口阀 V06，通过冷水流量调节阀 V12 调节冷水流量，使冷却水流过通道管，将物料充分冷却，使其初始温度与冷却水温度相当，当两者温差小于 0.50℃时，可认为物料已充分冷却。

⑦ 当物料充分冷却，水浴温度也恒定且达到要求后，停止冷却，关闭阀 V15、V06。

⑧ 排尽通道管内水：打开通道管排水阀 V14，排尽通道管内的水后，关闭阀 V14。

⑨ 停止热水旁路循环：关闭阀 V04。

⑩ 往通道管内打入热水并开始测定数据：打开通道管热水进口阀 V07、通道管热水出口阀 V02，并在测控软件中点击"开始采集"，开始记录物料温度、测定数据。

⑪ 观察测控软件的"采样曲线"，观察到物料温度随时间的变化关系曲线趋于平稳时，数据测试完毕，点击"停止采集"。

⑫ 停止往通道管内打入热水：关闭通道管热水进口阀 V07、通道管热水出口阀 V02。

⑬ 再次冷却物料，重复步骤⑥～⑩，进行下一组实验。一般实验需做 5～6 组。

3. 实验结束

① 实验结束后，关闭泵出口调节阀，停泵。关闭水浴搅拌，关闭加热。打开通道管排水阀 V14，排净通道管中的水后，关闭排水阀 V14。

② 导出所记录的实验数据，进行手工或计算机处理（计算机处理可导出实验报告）。

③ 关闭软件，电脑关机。

④ 在控制面板上将"手动•停止•自动"旋钮打向"停止"位，关闭总电源。

（二）自动操作实验步骤

1. 实验准备

① 确认恒温槽中水位在 4/5 高度左右。

② 确认所有手动阀均为打开（包括自来水阀 V15，但恒温槽排放阀除外）。

③ 确认"手动•停止•自动"旋钮在"停止"位，确认"冷却•停止•测试"旋钮在"停止"位。

④ 熟悉导温系数测定实验的流程，熟悉工作原理和冷、热水循环操作。

2. 实验阶段

① 打开总电源，启动软件，登录软件。在设置里面确定实验环境条件和装置参数，并点击"清空数据"清除上一次实验的数据，确认采集数据间隔时间，输入本次实验条件（水浴温度与热水流量）。

② 在控制面板上将"手动•停止•自动"旋钮打向"自动"位。

③ 设定水浴温度到实验要求值，打开加热，打开水浴搅拌。

④ 启动热水泵。

⑤ 冷却物料的同时，使热水在旁路系统循环，并保持在水浴设定温度：将"冷却•停止•测试"旋钮打在"冷却"位，将自动打开通道管冷水进口阀 V11、通道管冷水出口阀 V05、热水循环阀 V04，通过冷水流量调节阀 V12 调节冷水流量，使冷却水流过通道管，将物料充分冷却，使其初始温度与冷却水温度相当，当两者温差小于 0.50℃ 时，可认为物料已充分冷却；通过泵出口调节阀 V09 调节热水流量至最大，使热水在旁路系统循环，并保持在水浴设定温度。

⑥ 当物料充分冷却，水浴温度也恒定且达到要求后，停止冷却和热水旁路循环：将"冷却•停止•测试"旋钮打在"停止"位，将自动关闭阀 V11、V05、V04。

⑦ 排尽通道管内水：打开排水（将自动打开通道管排水阀 V13），排净管路中的水，然后关闭排水。

⑧ 往通道管内打入热水并开始测定数据：将"冷却•停止•测试"旋钮打在"测试"位，将自动打开通道管热水进口阀 V08、通道管热水出口阀 V01，在测控软件中点击"开始

采集"，开始记录物料温度、测定数据。

⑨ 观察测控软件的"采样曲线"，观察物料温度随时间的变化关系曲线直至稳定，数据测试完毕，点击"停止采集"。

⑩ 停止往通道管内打入热水：将"冷却·停止·测试"旋钮打在"停止"位，将自动关闭阀 V08、V01。

⑪ 再次冷却物料，重复步骤⑥～⑩，进行下一组实验。一般实验需做 5～6 组。

3. 实验结束

① 实验结束后，关闭泵出口调节阀，停泵。关闭水浴搅拌，关闭加热。打开排水，排净管路中的水，然后关闭排水。

② 导出所记录的实验数据，进行手工或计算机处理（计算机处理可导出实验报告）。

③ 关闭软件，电脑关机。

④ 在控制面板上将"手动·停止·自动"旋钮打向"停止"位，关闭总电源。

五、实验数据记录

将原始数据记录在表 5-1 中。

表 5-1　实验数据记录表

物料名称：＿＿＿＿＿＿　　水浴温度：$T_b=$＿＿＿＿＿＿℃　　热水流量：＿＿＿＿＿＿L/min

序号	组1		组2		组3		组4		组5		组6		…	
	时间/s	物料温度/℃	时间/s	物料温度/℃	时间/s	物料温度/℃	时间/s	物料温度/℃	时间/s	物料温度/℃	时间/s	物料温度/℃	时间/s	物料温度/℃
1														
2														
3														
4														
5														
…														

六、实验数据处理

① 将表 5-1 中不同组次的实验数据处理转换为对数温差与时间的关系，列入表 5-2 中。

表 5-2　物料温度对数温差与时间的关系

序号	组1		组2		组3		组4		组5		组6		…	
	时间/s	对数温差/℃	时间/s	对数温差/℃	时间/s	对数温差/℃	时间/s	对数温差/℃	时间/s	对数温差/℃	时间/s	对数温差/℃	时间/s	对数温差/℃
1														
2														

序号	组 1		组 2		组 3		组 4		组 5		组 6		...	
	时间/s	对数温差/℃	时间/s	对数温差/℃	时间/s	对数温差/℃	时间/s	对数温差/℃	时间/s	对数温差/℃	时间/s	对数温差/℃	时间/s	对数温差/℃
3														
...														

② 用对数温差对时间作图,见图 5-7。在图 5-7 中量取直线斜率 A 或用最小二乘法回归斜率 A,得到斜率后根据式 (5-4) 求得所测物料的导温系数,并进行误差分析,处理结果整理记录在表 5-3 中。

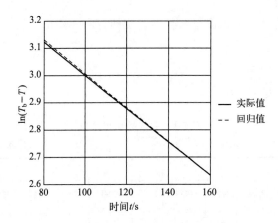

图 5-7　对数温差与时间的关系图

表 5-3　导温系数处理结果

项	组 1	组 2	组 3	组 4	组 5	组 6	...	平均值
斜率 A								
α_i / (m²/s)								
相对误差								/

七、实验结果分析和思考题

1. 实验结果分析

给出主要实验结果,并对实验结果进行分析。

2. 思考题

① 简述本实验测定 α 的基本原理和方法。

② 本实验的边界条件属于第几类?

③ 当 Bi 较大时,对所测定的 α 值将会产生何种影响?

④ 对于本实验,影响测量 α 准确度的因素有哪些?如何改进?

⑤ 你还了解哪些测定热性数据的方法?

⑥ 查阅用本法测定物料导温系数的相关文章。

八、注意事项

① 注意观测实验中温度的波动情况。

② 流量异常时，应检查管道是否堵塞。

③ 实验过程中，恒温槽的液位低时，液位高度表会报警；液位过低时，会停泵，防止干烧。此时需暂停实验，加入适量自来水，然后等待恒温槽内水浴温度稳定到实验温度以后再继续实验。

九、知识拓展

导温系数是物质重要的物性数据，对进行化工研究、工艺设计、安全生产和节能减排有重要意义，也是化工教学、科研领域重要的研究内容之一；导温系数的测定方法现已发展了多种，它们有不同的适用领域、测量范围、精度、准确度和试样尺寸要求等，不同方法对同一样品的测量结果可能会有较大的差别。目前导温系数的测定方法分为稳态法和非稳态法两大类，具有各自不同的测试原理。

稳态法是经典的材料导温系数测定方法之一，至今仍广泛应用。其原理是利用稳定传热过程中，传热速率等于散热速率的平衡状态，根据傅里叶一维稳态热传导模型，由通过试样的热流密度、两侧温差和厚度，计算得到导温系数。稳态法适合在中等温度下测量材料的导温系数，适用于岩土、塑料、橡胶、玻璃、绝热保温材料等低导温系数材料。

非稳态法是近些年内开发的新方法，用于研究高导温系数材料，或在高温条件下进行测量。工作原理是：提供一固定功率的热源，记录样品本身温度随时间的变化情形，由时间与温度变化的关系求得样品的导热系数、热扩散系数和热容。非稳态法适用于金属、石墨烯、合金、陶瓷、粉末、纤维等同质均匀的材料。南京工业大学化工实验教学中心基于非稳态法开发的颗粒物料导温系数测定装置，已成功用于对油菜籽、活性炭、水泥和镁砂等固体颗粒物料的导温系数测定，测定过程快速，结果误差小，重复性好。该装置也被用于南京农业大学对稻谷等物料的科学研究中，取得了良好的效果。

十、参考文献

[1] 张迎雪，闫宁霞，孙阳，等．骨料对粉煤灰混凝土导温系数影响规律试验研究．建筑技术，2019，50（1）：102-105.

[2] 高智勇，隋解和，孟祥龙．材料物理性能及其分析测试方法．2 版．哈尔滨：哈尔滨工业大学出版社，2020.

[3] 谷和平，张景峰，丁健．瞬态热流法导温系数测试装置与软件开发．测控技术，2006，25（12）：58-59.

[4] 龚红菊，孙远见．稻谷的导温系数测定方法研究．云南农业大学学报，2006，21（3）：383-386.

实验8　传质传热类比实验

一、实验目的

① 了解用极限扩散电流技术（LDCT法）测定固液传质系数的原理。

② 掌握用极限扩散电流技术测定垂直管内液固传质系数的实验方法。

③ 运用传质与传热的类比关系验证三传类比原理。

二、实验原理

1. LDCT法原理

在铁氰化钾与亚铁氰化钾所构成的电解质溶液中设置一对电极，其中，阴极（测量电极）的表面积远比阳极的表面积小。当有电压施加在两电极之间时，在溶液中便有电极反应发生，阴极上是铁氰根离子的还原，阳极上则是亚铁氰根离子的氧化。

$$阴极：Fe(CN)_6^{-3} + e^- \longrightarrow Fe(CN)_6^{-4}$$

$$阳极：Fe(CN)_6^{-4} - e^- \longrightarrow Fe(CN)_6^{-3}$$

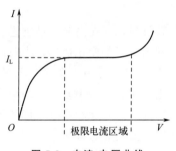

图 5-8　电流-电压曲线

电极电路中电流强度的大小反映出电极反应的快慢。在溶液中，反应离子将向电极表面运动，其传递方式主要为：①电场作用下的离子迁移；②浓度梯度所导致的扩散。若向溶液中加入过量的惰性电解质溶质，则可消除电迁移的影响。此时，宏观反应速率取决于反应离子向电极表面的扩散速率与电极表面上的电化学反应速率。当外加直流电压由小变大时，宏观反应速率加快，电路中的电流变大。典型的电流-电压曲线如图5-8所示。当电压加大到某一值后（达到极限电流区域），电极表面上的电化学反应已相当快，超过了反应离子向电极表面的扩散速率，宏观电化学反应速率由反应离子向电极表面的扩散速率所控制，此时电极表面反应离子浓度趋于零，电压的改变对电流影响很小，在电流-电压曲线上出现"平台"。这一"平台"所对应的电流值称为"极限扩散电流"。在极限扩散电流下，电化学反应速率与反应离子向电极表面的扩散速率相等。

由对流传质方程：

$$N_A = k_L(c_A - 0) = k_L c_A \tag{5-5}$$

又由电化学反应原理（法拉第定律）：

$$N_A = \frac{I_L}{nFA} \tag{5-6}$$

因而有：

$$k_L = \frac{I_L}{nFAc_A} \qquad (5\text{-}7)$$

式中　k_L——电极表面的固液传质系数，m/s；

　　　I_L——极限电流，A；

　　　n——每个分子在电极上反应时的离子数；

　　　F——法拉第常数，96500C/mol；

　　　A——测量电极（阴极）表面积，m^2；

　　　c_A——主体溶液中反应离子的浓度，mol/m^3；

　　　N_A——传质速率，$mol/(m^2 \cdot s)$。

由式（5-7）实现 LDCT 法测定垂直管内的传质系数 k_L。

2. 三传类比原理

奇尔顿（Chilton）和柯尔本（Colburn）曾通过大量的实验研究了湍流条件下，摩擦系数、对流传热系数和对流传质系数之间的三传类比关系。对于许多具有不同几何形状和广泛流动范围的流体，传热与传质的类比关系为

$$j_H = j_M \qquad (5\text{-}8)$$

式中，j_H 和 j_M 分别为传热 j 因子与传质 j 因子。其定义分别为

$$j_H = \frac{Nu}{Re^m Pr^{1/3}} \qquad (5\text{-}9)$$

$$j_M = \frac{Sh}{Re^m Sc^{1/3}} \qquad (5\text{-}10)$$

由 LDCT 法测得垂直管内的传质系数 k_L，通过三传类比关系推得传热系数 h，即

$$h = \frac{\lambda}{D_{AB}} \times \left(\frac{D_{AB}}{\alpha}\right)^{\frac{1}{3}} k_L \qquad (5\text{-}11)$$

式中　h——对流传热系数，$W/(m^2 \cdot K)$；

　　　λ——溶液的导热系数，$W/(m \cdot K)$；

　　　D_{AB}——扩散系数，m^2/s；

　　　α——热扩散系数，m^2/s。

溶液中铁氰化钾与亚铁氰化钾的浓度约为 0.5%，氢氧化钠的浓度约为 5%，故溶液物性数据可近似取氢氧化钠溶液的物性数据，从有关手册中查得。

三、实验装置和流程

实验装置如图 5-9 所示。实验段为一 $\varphi26mm \times 3mm$、长为 1500mm 的有机玻璃管，在距入口 1000mm 处设有电极，电极的设置形式如图 5-10 所示。实验流程见图 5-11。溶液循环槽中的电解质溶液由循环泵输送，经调节阀和转子流量计调控后进入实验段。离开实验段的液体经下降管返回循环液槽。溶液中的溶解氧将影响电极反应，故配好的电解液需进行脱氧气处理，方法是向溶液中鼓入氮气，以促进溶解氧的解吸。来自氮气瓶的氮气经减压阀后进入缓冲罐，再经转子流量计计量后进入实验段，并在实验段顶部经气液分离罐后放空。

图 5-9　三传类比实验装置

图 5-10　电极实验段

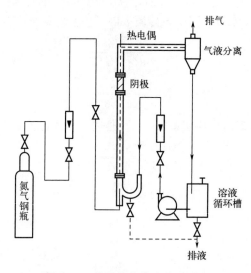

图 5-11　传质传热类比实验流程

实验药品：铁氰化钾（分析纯）、氢氧化钠（分析纯）、亚铁氰化钾（分析纯）、蒸馏水。

实验仪器：分析天平、氮气钢瓶、量筒（2L）一个、电脑、组态王软件。

四、实验步骤

① 清洗装置：打开电源开关；关闭出水阀门和气阀；用 2 L 量筒取蒸馏水 4 L 放入循环槽中，开启循环液泵，蒸馏水循环 5 min 后，关闭循环液泵，打开出水阀门，将循环槽中的水放尽。对设备进行再一次的清洗，步骤同上。

② 配制溶液：配制含 0.005mol/L 铁氰化钾、0.005mol/L 亚铁氰化钾及 1mol/L 氢氧化钠的溶液 28L，加入循环槽中。

③ 溶液脱氧处理：通入氮气，打开排气阀，打开气阀和气体流量计，打开氮气瓶总阀；

启动循环液泵，使液体循环；通气 30min 后关闭气阀、减压阀，关闭气体流量计，关闭氮气钢瓶总阀，关闭排气阀。

④ 实验开始时，双击桌面上的"组态王 6.5"快捷键，双击"LDCT"，依次出现三个提示框，进入组态王界面，见图 5-12。在图 5-12 中点击"模拟工作画面"按钮，进入仿真实验界面。点击"实时数据画面"按钮，进入实验数据采集界面，见图 5-13。

图 5-12　组态王操作界面

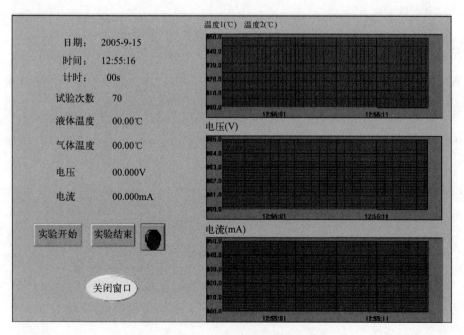

图 5-13　LDCT 实验数据采集系统界面

⑤ 极限电流的确定：由水阀调节确定某一液体流量（流量从低到高），电压调节钮位于最初点，一切准备就绪后单击"实验开始"按钮（图 5-13），同时手动调节电压，电压调节应缓缓进行，同时观察图 5-13 中电流的变化，调节时间控制在 120s 左右。单击"实验结束"按钮（图 5-13）结束实验。

⑥ 将所得数据导入 Excel 软件中作图，确定极限电流区域与极限电流值，类似图 5-8。

⑦ 确定新的液体流量，按照上述步骤继续实验。

⑧ 若实验完毕单击"退出系统"按钮（图 5-12）退出实验系统。

⑨ 实验完毕关闭泵，关闭仪表电源开关，关闭总电源。

⑩ 清洗装置和回路。

五、实验数据记录

将数据记录在表 5-4 中。

表 5-4　实验数据记录表

序号	液体流量 / (L/h)	液体温度 /℃	气体流量 / (m³/h)	极限电流 /mA	传质系数 k_L / (m/s)	传热系数类比值 h / [W /(m²·K)]	传热系数计算值 h' / [W /(m²·K)]	相对误差
1	500							
2								
3								

配制的电解液浓度：＿＿＿＿＿＿＿＿

六、实验数据处理

将各流量条件下的极限电流值代入式（5-7），求得各操作条件下的固液传质系数：

$$k_L = \frac{I_L}{nFAc_A}$$

式中，$F = 96500\text{C/mol}$；$c_A = 0.005\text{mol/m}^3$；$A = \pi \times 0.019 \times 0.02 = 1.1938 \times 10^{-3}$（m²）。

扩散系数按 Eisenberg 式计算：

$$D_{AB} = 2.5 \times 10^{-12} \times \frac{T}{\mu_L} \tag{5-12}$$

由式（5-11）求得表面对流传热系数类比值 h。

求出不同流量下的 Re、Pr，并按经验式获得对流传热系数计算值 h'：

$$h' = 0.023 \frac{\lambda}{d} Re^{0.8} Pr^{1/3} \tag{5-13}$$

对全部数据点比较 h 与 h'，求出相对误差。

七、实验结果分析和思考题

1. 实验结果分析

① 绘出电压-电流曲线，标出极限电流区域及极限电流值。

② 求出固液传质系数；将对流传热系数 h 与理论值 h' 列表比较，计算各点误差，并分析讨论。

③ 求出在气液两相传递中的传质系数和对流传热系数；说明在同一液体流量下，有气体通入与没有气体情况下相比，传质系数与对流传热系数有何变化。

2. 思考题

① 何谓三传类比？

② 根据式（5-9）、式（5-10）导出式（5-11）。

③ 用 LDCT 法测定直管内固液传质系数，再应用三传类比原理求得对流传热系数与直接测定对流传热系数相比有何特点？

④ 设计一个采用摩擦阻力系数类推对流传热系数（或对流传质系数）的实验方案。

⑤ 设计一个方案求气液两相传递中的传质系数和对流传热系数；说明在同一液体流量下，通入气体对传质系数与对流传热系数是否有影响，影响如何，原因是什么。

⑥ 查阅 LDCT 法测定传质过程的相关论文。

八、注意事项

① 配制的电解液有较大的腐蚀性，注意不要喷溅到溶液循环槽之外。

② 阴极长时间不用或长时间浸泡在电解液中表面易污染，使用时应当仔细清洗。

③ 通氮排氧时注意不要让电解液倒灌进气体回路。

实验 9 气升式环流反应器流体力学及传质性能的测定

一、实验目的

① 了解气升式环流反应器的原理、结构形式及应用领域。

② 掌握气升式环流反应器流体力学及传质性能的测定方法。

③ 掌握气升式环流反应器的冷模实验方法。

④ 学习利用计算机组态王软件进行化工实验过程的数据采集和数据处理的方法。

二、实验原理

气升式环流反应器是近年来作为化学反应器和生化反应器而发展起来的一种新型高效气-液-固三相反应器。由气泵产生的气体通过流量计计量后经过气体喷嘴从升气管下方喷入反应器中，这样使得升气管中液体的气含率大于降液管中液体的气含率，引起两者之间的密度差，从而使得环流反应器中的液体在气体带动下循环起来。

本实验是冷模实验，使用的液体是自来水，气体是压缩空气。由于环流反应器利用反应气体的喷射动能和液体的循环流动来搅动反应物料，所以具有结构简单、造价低、易密封、能耗低且没有机械搅拌桨破坏生物细胞等优点，广泛用于化工、石油化工、生物化工、食品工业、制药工程和环境保护等领域。在对反应器的结构尺寸进行恰当的设计后，就能得到较好的环流流动的循环强度，在反应器内形成良好的循环，促进固体催化剂粒子的搅动。因而环流反应器对于反应物之间的混合、扩散、传热和传质均很有利，既适合处理量大的较高黏度流体，又适合处理热敏感性的生物物质，还可用于气-液两相或气-液-固三相之间的非均相化学反应。

气升式环流反应器的结构如图5-14所示。

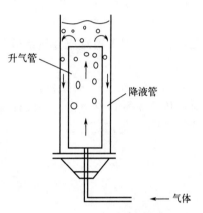

图5-14 气升式环流反应器结构

图5-14中，进入反应器的气体喷射至升气管后，由于气体的喷射动能和升气管内流体的密度降低，升气管中流体向上，降液管中流体向下，作有规则的循环流动，从而在反应器中形成良好的混合和反应条件。

环流反应器是作为气-液两相或气-液-固三相反应器而应用于生物化工或其他化学反应过程的。生化过程（例如发酵过程）要求高供氧量，相比于其他反应体系，传质性能往往成为过程的控制因素。因此，能否提供良好的传质条件（即增大传质系数），对环流反应器的应用具有重要意义。其流体力学性能（气含率 ε、液体循环速度 u_L 等）及传质特性（氧体积传质系数 K_La）是衡量气升式环流反应器混合性能的重要指标，也是环流反应器设计和工程放大的重要参考数据。

本实验是在反应器尺寸不变的情况下，通过改变气体流量，来测量不同气量下的气含率 ε、液体循环速度 u_L 及氧体积传质系数 K_La 的数值。

三、实验装置和流程

本实验是以水和空气为介质做流体力学特性和传质规律测定的冷模实验。水采用自来水；空气由气泵产生，经阀门调节和流量计计量后由升气管下方喷嘴喷入反应器与反应液混合，一部分气体在反应器内随反应液一起循环，另一部分气体则从反应器上方敞口逸出。N_2 由钢瓶经减压阀通过流量计计量后压入反应器中用来驱除水中的溶解氧。实验流程如图5-15所示。

四、实验步骤

1. 气含率 ε 的测定

先关排水阀6，关进气阀5，关 N_2 进气阀3，开进水阀7，将水放至反应器内一定高度（一般与升气管顶部相齐平），记下此高度即为 H_0，停止进水。启动气泵，开进气阀5、调节阀4（可与放空阀2配合调节），将气量调节为一个定值（一般在实验中可做5个气量，

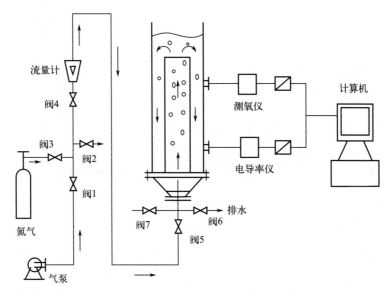

图 5-15　实验流程图

从 $0.5\sim2.5\text{m}^3/\text{h}$）。待每个气量稳定后，读取反应器内液体膨胀高度 H，利用公式求得该气量下的气含率 ε。其他气量下的气含率 ε 可用类似方法求得。

2. 液体循环速度 u_L 的测定

本实验用电导脉冲示踪法测量液体循环速度 u_L。电导探头装在反应器侧壁。由于反应器已做好，液体循环一周的距离 L 为定值，故只需测出循环一周的时间 T 即可得出液体循环速度。循环时间 T 的测量采用电导示踪法，利用计算机数据采集系统来进行测量。

开启气泵，调节到一定的气量，待稳定后从环流反应器上方瞬间倒入 25mL 左右饱和氯化钠溶液，这时在计算机的数据采集系统显示屏上会出现一条衰减振荡的正弦曲线。第 1 个波峰和第 2 个波峰之间的时间间隔为 T_1，第 2 个波峰和第 3 个波峰之间的时间间隔为 T_2，第 3 个波峰和第 4 个波峰之间的时间间隔为 T_3，则循环时间 $T=（T_1+T_2+T_3）/3$。也可用第 4 个波峰和第 5 个波峰之间的时间间隔 T_4 来验证一下。

3. 氧体积传质系数 $K_L a$ 的测定

先将前面电导测量时塔中的盐水排掉，装上氧探头，开启测氧仪，关排水阀 6，开进水阀 7，将水放至反应器内一定高度，关空气阀 1，开 N_2 进气阀 3，打开 N_2 钢瓶总阀（逆时针旋转为开），旋动减压阀把手（顺时针旋转为开），开启进气阀 5，这时 N_2 就被鼓入塔中，用以驱赶液体中的溶解氧（为了节约 N_2，将气量调至 $0.2\sim0.4\text{m}^3/\text{h}$，能够使得塔中液体循环起来就可以了，并将塔顶盖上盖子）。在计算机采集的屏幕上就得到一条氧浓度下降的曲线，待氧浓度下降到 3%～4% 时，停止鼓入 N_2，关 N_2 减压阀把手（逆时针旋转为关），开空气阀 1，关 N_2 进气阀 3，将计算机采集界面的氧浓度下降曲线清除，重新开始采集，启动气泵，开进气阀 5、调节阀 4（可与放空阀 2 配合调节），将气量调节为一个数值（如 $0.5\text{m}^3/\text{h}$），这时在计算机采集屏幕上会出现一条氧浓度上升的曲线，待氧浓度的曲线上升到一定的值基本走平后。在计算机采集屏幕上点击"停止"按钮，再点击"计算"按钮，进入 Excel 进行实验数据的处理，求出该气量下的液相体积传质系数 $K_L a$ 的数值。

五、实验数据记录

1. 气含率 ε 的测定

实验数据记录于表 5-5。

表 5-5 气含率 ε 测定实验数据

实验日期：_____ 班级、组号：_____ 装置号：_____

序号	气量/（m³/h）	清液层高度 H_0	液体膨胀高度 H	气含率 ε

2. 液体循环速度 u_L 的测定

将实验数据记在表 5-6 中。

表 5-6 液体循环速度的测定实验数据

实验日期：_____ 班级、组号：_____ 装置号：_____

序号	气量/（m³/h）	循环距离 L/m	循环时间 T/s	液体循环速度 u_L

3. 氧体积传质系数 $K_L a$ 的测定

将实验数据导出记录于表 5-7。

表 5-7 氧体积传质系数的测定实验数据

实验日期：_____ 班级、组号：_____ 装置号：_____

序号	气量/（m³/h）	拟合直线公式	方差 R^2	氧体积传质系数 $K_L a$

序号	气量/（m³/h）	拟合直线公式	方差 R^2	氧体积传质系数 K_La

六、实验数据处理

1. 气含率 ε 的计算

气含率 ε 的测量计算公式为：

$$\varepsilon = \frac{H - H_0}{H} \tag{5-14}$$

式中　H——清液层高度；

　　H_0——鼓气后液体膨胀高度。

例如 $H_0 = 910\text{mm}$，$H = 930\text{ mm}$，则 $\varepsilon = \dfrac{H - H_0}{H} = 2.15\%$

2. 液体循环速度 u_L 的计算

液体循环速度 u_L 的测量计算公式为：

$$u_L = L / T \tag{5-15}$$

式中　L——循环一周的距离；

　　T——循环一周所用的时间。

对于内环流反应器：

$$L = 2\left(H_{升} + \frac{(R_{外} - R_{内})}{2} + R_{内}\right) \tag{5-16}$$

式中　$H_{升}$——升气管的高度；

　　$R_{外}$——外筒内筒的半径；

　　$R_{内}$——内筒的半径。

对于外环流反应器：

$$L = 2(H + l) \tag{5-17}$$

式中　H——反应管的高度；

　　l——升气管和降液管间的水平距离。

例如外环流反应器的 $L = 2.68\text{m}$，$T = 15.9\text{s}$，则 $u_L = L/T = 0.17$（m/s）

3. 氧体积传质系数 K_La 的计算

本实验采用动态法来测定气升式环流反应器的液相体积传质系数 K_La。液相体积传质系数 K_La 的拟合计算公式为

$$K_La = \frac{1}{t}\ln\left(\frac{C^* - C_{L0}}{C^* - C_L}\right) \tag{5-18}$$

测量方法是：在计算机采集屏幕上得到的一条氧浓度上升的曲线，进入 Excel 进行实验数据的处理。先将 A、B 两列选定（其中 A 为时间轴坐标，B 为氧浓度轴坐标）作散点图，要求拟合成光滑曲线，点击"完成"。在坐标图上可得到一条氧浓度上升的曲线，在曲线上确定起点氧浓度对应的电压值 U_{L0} 和对应的时间 t_0，例如 $U_{L0}=2.525$，$t_0=8$；再到曲线上确定终点氧浓度对应的电压值 U^* 和对应的时间 t^*，例如 $U^*=18.625$，$t^*=286$。记下这两组数据，重新开启一列即 C 列。在 $t_0=8$ 这一行（例如该行的序号为 3）的 C 列内书写公式=ln［(18.625－2.525)/(18.625－B3)］并回车，得到结果：0。将 0 选定，在该方框内右下角出现细十字时，下拉整个 C 列，则在 C 列中就得到一组按上述公式取对数后的值。略去最后面一些无意义的数，选 A 列和 C 列作散点图（用 Ctrl 键控制，跳过 B 列），得到一根近似的直线。略去直线后段线性不好的部分，重新作散点图，得到一根线性较好的直线，将光标箭头放在直线上，点右键，选"添加趋势"，选"显示公式""显示 R^2"，得到拟合的直线方程为：$y=0.0132x-0.9615$；$R^2=0.9985$。说明实验数据点拟合较好，则该拟合直线的斜率就是液相体积传质系数 K_La，即 $K_La=0.0132$。改变气量，可得到不同气量下的液相体积传质系数。

七、实验结果分析和思考题

1. 实验结果分析

将实验数据计算结果列于表 5-5～表 5-7 中，并分析。

2. 思考题

① 试说明气升式环流反应器是如何得以循环起来的。

② 当进气量变化时，气含率、液体循环速度和氧体积传质系数是如何变化的？

③ 你认为气升式环流反应器是瘦高型的传质性能好，还是矮胖型的传质性能好？

④ 实验中所测量的气含率、液体循环速度和氧体积传质系数 3 个参数对指导工程放大有何意义？

八、注意事项

① 做测量气含率的实验时，当气量比较大时，反应器内气泡翻滚剧烈，此时要用尺子平着测量塔内液体平均高度。

② 做测量液体循环速度的实验时，应在计算机采集系统开始采样后，瞬间倒入饱和盐水。

③ 做测量氧体积传质系数的实验时，应注意节约使用 N_2。在通 N_2 时，最好将反应器上方盖上盖子。

九、知识拓展

该气升式环流反应器实验是在我校肖人卓、吕效平、丁健三位老师与新疆石油管理局合作的科研项目结题后而转化成为本科生的化学工程专业实验。原课题要求研制一种新型高效的气-液-固三相反应器来进行原油中生物脱蜡的工艺研究，在实验室进行了气升式环流反应器的小试实验，取得了很好的实验数据后赴新疆石油管理局重油加工研究所进行了中试放大研究，取得了良好的科研成果与社会效益。近年来气升式环流反应器作为化学反应器和生化反应器的研究越来越广泛，各种科研论文和硕博论文层出不穷。

实验 10　催化剂内扩散有效因子的测定

一、实验目的

① 了解内、外扩散过程及其对反应的影响。
② 掌握催化剂内扩散有效因子的概念及其测定方法。
③ 了解本征反应动力学的实验测定方法。
④ 了解固定床反应器中床层的温度分布情况。

二、实验原理

环己烷是无色透明的液体，不溶于水，有刺激性气味，易挥发，易燃，沸点 $80.73℃$，相对密度 d_4^{20} 为 0.7785。它主要作为己二酸和己内酰胺的合成原料，用于尼龙 66 等纤维和树脂的生产，此外常用作有机溶剂。国际上，环己烷的生产方法以苯加氢为主，其次是石油烃分离法。苯加氢制环己烷，采用气固相催化反应或液相催化反应都可得到较高收率，工业上两种方法都有万吨级的生产规模。本实验采用气固相催化加氢法，用镍催化剂在固定床反应器中合成环己烷。

1. 苯加氢气固相催化反应本征动力学

在 Ni/Al_2O_3 固体催化剂作用下，苯加氢反应方程式为：

$$C_6H_6(g)+3H_2(g)\xrightarrow{130\sim180℃}C_6H_{12}(g)$$

此反应可近似看成单一不可逆放热反应，在氢气大大过量的情况下可视为准一级反应，故：

$$(-R_A)_本=k_Pc_{AG} \tag{5-19}$$

式中　k_P——本征反应速率常数；
　　　c_{AG}——苯的物质的量浓度。

2. 宏观动力学

固体催化剂外表面为一气体层流边界层所包围，颗粒内部则为纵横交错的孔道。
多相催化反应过程（图 5-16）步骤包括：
① 反应物由气相主体扩散到颗粒外表面——外扩散；
② 反应物由外表面向孔内扩散，到达内表面——内扩散；
③ 反应物在内表面上吸附；
④ 反应物在内表面上反应生成产物；
⑤ 产物自内表面解吸；
⑥ 产物由内表面扩散到外表面——内扩散；
⑦ 产物由颗粒外表面扩散到气相主体——外扩散。

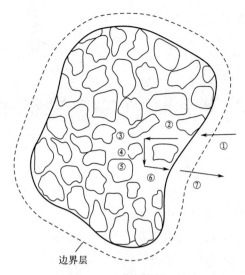

边界层

图 5-16　多相催化过程示意图

气固相催化反应的速率不仅与化学反应有关，还和流体流动、传热、传质有关，这种包括了物理过程影响的化学反应速率叫作宏观反应速率。通常用有效因子的概念来表示扩散对反应的影响，则：

$$(-R_A)_{\text{宏}} = \eta_0 (-R_A)_{\text{本}} \tag{5-20}$$

式中，η_0 为总有效因子，它表示了内、外扩散阻力对化学反应影响程度的大小。

$$\eta_0 \begin{cases} \eta_x \text{——外扩散有效因子} \\ \eta \text{——内扩散有效因子} \end{cases}$$

通过床层的流体质量速度 G 对外扩散有显著影响，G 增大时，外扩散速率变快，而 G 的变化对内扩散并无影响。

$$G\uparrow,\ \delta G\downarrow,\ c_{AG} - c_{AS}\downarrow,\ T_G - T_s\downarrow;$$

$$G\uparrow\uparrow,\ \delta G\approx 0,\ c_{AG} - c_{AS}\approx 0,\ T_G - T_s\approx 0$$

此时可认为外扩散的阻力为零，只存在内扩散阻力。

当只有内扩散影响，外扩散阻力可不计时：$\eta_0 = \eta$

$$(-R_A)_{\text{宏}} = \eta (-R_A)_{\text{本}} \tag{5-21}$$

3. 内扩散有效因子的测定

在外扩散影响已经消除的基础上测定内扩散有效因子。实验在装填有一定质量、一定粒径球形催化剂的固定床反应器中进行。取微元 dW 对 A 组分作物料衡算可得：

$$F_{A0}\,dx_A = (-R_A)_{\text{宏}}\,dW \tag{5-22}$$

式中　F_{A0}——A 的进料摩尔流量。

$$(-R_A)_{\text{宏}} = \frac{dx_A}{d(W/F_{A0})} \tag{5-23}$$

在某一反应温度下，通过改变苯和氢气的进料流量，测定相应的出口组成，求得苯的转化率 x_A，得到 x_A-W/F_{A0} 曲线，曲线上任意一点的斜率就对应于该转化率下的宏观反应速率，而：

$$(-R_A)_{\text{宏}} = \eta_0 (-R_A)_{\text{本}} = \eta k_P c_{AG} \tag{5-24}$$

式中，

$$c_{AG} = c_{A0}(1 - x_A) \tag{5-25}$$

c_{A0} 可根据进料组成求得，所以：

$$\eta = \frac{(-R_A)_{宏}}{k_P c_{AG}} \tag{5-26}$$

由于本征反应速率常数 k_P 未知，故不能直接由式（5-26）求出内扩散有效因子。

在球形颗粒催化剂上进行一级不可逆反应时：

$$\eta = \frac{3}{\phi_S}\left(\frac{1}{\tanh(\phi_S)} - \frac{1}{\phi_S}\right) \tag{5-27}$$

式中，ϕ_S 为球形颗粒上进行一级反应时的西勒模数：

$$\phi_S = R\sqrt{\frac{k_P}{D_{eA}}} \tag{5-28}$$

式中　　R ——催化剂颗粒半径，为一已知值；

D_{eA} ——气态苯在催化剂颗粒内部的有效扩散系数，$0.2\text{cm}^2/\text{s}$。

定义判据参数 Φ_S：

$$\Phi_S = \phi_S^2\eta = R^2\frac{k_w}{D_{eA}} \times \frac{(-R_A)_{宏}}{k_w c_{AG}} = R^2\frac{(-R_A)_{宏}}{D_{eA}c_{AG}} \tag{5-29}$$

上式右边各项均可由实验测得，故由此式可直接求出 Φ_S 值。

先假设 ϕ_S，由 η 和 ϕ_S 求出 η，判断得到的 $\phi_S^2\eta$ 值是否等于由式（5-29）求得的 Φ_S，若不等，重新假设 ϕ_S 值，反复计算，直到相等。若相等，此时的 η 值即为所求。

三、实验装置及流程

1. 实验流程

实验流程见图 5-17。

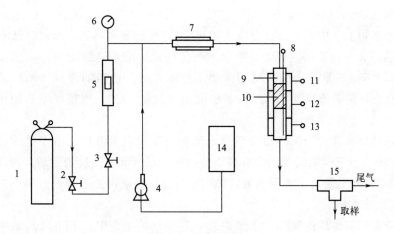

图 5-17　实验流程

1—氢气钢瓶；2—稳压阀；3—稳流阀；4—苯计量泵；5—转子流量计；6—压力表；7—预热器；

8—床层测温热电偶；9—反应管；10—催化剂/填料复合床层；11～13—加热炉

上、中、下三段热电偶；14—苯储罐；15—三通取样口

2. 实验装置及试剂

该装置由反应系统和控制系统组成，反应系统的反应器为管式固定床，不锈钢材质。反应管内径 20mm，长度 550mm。管内有直径为 3mm 的不锈钢穿过反应管的上下两端，以便在 3mm 管内插入直径为 1mm 的铠装式热电偶，通过上下拉动热电偶可测定床层内不同高度处的反应温度。预热器直径 10mm，长度 250mm，加热功率 0.5kW。

反应加热炉采用三段加热控温方式，加热炉直径 220mm，长度 550mm。各段加热功率 1kW。上下段温度控制灵活，恒温区较宽。控温与测温数据均为数字显示。

其他装置与试剂：氢气钢瓶 1 个，计量泵 1 台，苯（分析纯），医用注射器 5mL 2 支，微量注射器 5μL 1 支，气相色谱仪（热导检测）1 台。

四、实验步骤

① 准确称取 2g 一定目数的催化剂，再称取 20g 同样目数的填料，混合均匀后用量筒测其体积，将其装入反应管，记录床层高度和位置。将反应器固定于反应加热炉中，通气体进行试漏，直至不漏。

② 催化剂活化：控制合适的氢气流量（300mL/min 左右）通入反应器，催化剂床层温度以 25℃/h 的升温速率升至 180℃，在 180℃ 下恒温 2h，然后以 25℃/h 的降温速率降温，到 50℃ 以下时关闭气源和电源。

③ 对计量泵进行苯的流量标定。

④ 打开氢气钢瓶减压表，开启 6800 A 气相色谱仪，分析条件为：进样器 180℃，柱温 80℃，桥流 150mA，柱前压 0.15MPa，载气流量 30mL/min。

⑤ 打开氢气钢瓶减压表，调节稳压、稳流阀，控制合适的氢气流量（400mL/min 左右）通入反应器，目的是床层温度升高时使床层温度均匀，同时氢气也是反应原料。

⑥ 开启电源开关，设置好预热器和反应器加热炉上、中、下三段的温度分别为 150℃、130℃、150℃、130℃。

⑦ 调节预热器和反应器加热炉上、中、下三段的电流给定旋钮，预热器电流不超过 1A，反应器加热炉上、中、下三段电流不超过 2A，电流表有电流指示表明已开始加热。

⑧ 待预热器和反应器加热炉上、中、下三段的温度分别达到所设定的温度时，开启计量泵，泵入苯，苯的流量根据停留时间的要求控制在某一适当的流量（苯的流量可控制在 0.2～1g/min），并要求苯和氢气的进料摩尔配比维持在 1∶8，根据此摩尔配比调节氢气的流量。

⑨ 苯在预热器汽化并与氢气混合后进入催化剂床层发生反应。由于是放热反应，反应器加热炉上、中、下三段的温度均会升高，待操作一段时间，温度稳定后，拉动床层测温热电偶，检测整个床层的温度分布是否在 150℃ 左右且各处是否接近等温。否则需要对加热炉中段给定温度稍作调整。

⑩ 当反应器床层温度达到所要求的温度，且加热炉上、中、下三段的温度均稳定不变时，用 5mL 玻璃注射器对反应器出口气体进行取样，注入色谱仪中进行热导分析，得到反应器出口气体的组成结果。

⑪ 改变苯进料流量，同时相应改变氢气进料流量，保持苯和氢气的进料摩尔配比不变，仍为 1∶8。重复实验步骤⑨～⑩。

⑫ 共进行了5个流量时，可结束实验。关闭苯计量泵，关闭加热电源。继续通入氢气，待床层温度降至100℃以下可关闭氢气钢瓶，以防止温度过高造成催化剂失活。

五、实验数据记录

将原始实验数据分别记录于表5-8～表5-11。

气温：＿＿＿＿＿＿＿℃　　大气压：＿＿＿＿＿＿＿MPa　　实验日期：＿＿＿＿＿＿＿

表 5-8　床层性能

催化剂/g	催化剂目数	填料/g	稀释比	总体积/mL	床层高/cm

表 5-9　实验记录

序号	氢气流量 / (mL/min)	苯流量 / (mL/min)	上段温度/℃		中段温度/℃		下段温度/℃	
			设定	实测	设定	实测	设定	实测
1								
2								
3								
4								
5								

表 5-10　床层温度分布

序号	床层温度分布情况							
1	床层长度/cm							
	实测温度/℃							
2	床层长度/cm							
	实测温度/℃							
3	床层长度/cm							
	实测温度/℃							
4	床层长度/cm							
	实测温度/℃							
5	床层长度/cm							
	实测温度/℃							

表 5-11　分析结果

数据序号		y_1/%	y_2/%	x_A/%	$\overline{x}_A$/%	W/F_{A0}/ (g·h/mol)
1	(1)					
	(2)					
	(3)					

数据序号		$y_1/\%$	$y_2/\%$	$x_A/\%$	$\overline{x}_A/\%$	$W/F_{A0}/$ (g·h/mol)
2	(1)					
	(2)					
	(3)					
3	(1)					
	(2)					
	(3)					
4	(1)					
	(2)					
	(3)					
5	(1)					
	(2)					
	(3)					

六、实验数据处理

1. 反应器出口转化率的计算

设苯的流量为 F_{A0}，反应器出口转化率为 x_A，出口气体中，苯的质量分数为 y_1，环己烷的质量分数为 y_2（不考虑其中氢气的质量分数），即 $y_1+y_2=100\%$。

由化学方程式：

$$C_6H_6(g)+3H_2(g)\xrightarrow{\text{Ni, 150℃}}C_6H_{12}(g)$$

反应前（mol/h）　　F_{A0}　　　　　　　　　　　0

反应后（mol/h）　$F_{A0}(1-x_A)$　　　　　　　$F_{A0}x_A$

即（g/h）　　$F_{A0}(1-x_A)\times78$　　　　　$F_{A0}x_A\times84$

$$y_1=\frac{78F_{A0}(1-x_A)}{78F_{A0}(1-x_A)+84F_{A0}x_A}=\frac{13(1-x_A)}{13(1-x_A)+14x_A} \tag{5-30}$$

$$y_2=\frac{84F_{A0}x_A}{78F_{A0}(1-x_A)+84F_{A0}x_A}=\frac{14x_A}{13(1-x_A)+14x_A} \tag{5-31}$$

化简得：　　　$x_A=\frac{13(1-y_1)}{13+y_1}$　　或 $x_A=\frac{13y_2}{14-y_2}$ $\tag{5-32}$

y_1 和 y_2 可通过气相色谱分析出口气体组成而得。因此可通过式（5-25）计算出口转化率。

2. 反应速率 $(-R_A)$ 的计算

由实测的 x_A-W/F_{A0} 曲线，可用多项式拟合，然后求导，任何一个 x_A 所对应的导数值就是该点的反应速率值。

3. 物性参数取值

苯在催化剂颗粒中的有效扩散系数 D_{eA} 可取 $0.2\text{cm}^2/\text{s}$。

催化剂的密度可取 $\rho_p = 2500 \text{kg/m}^3$。

4. 计算示例

序号	氢气流量 / (mol/h)	苯流量 / (mol/h)	上段温度/℃		中段温度/℃		下段温度/℃	
			设定	实测	设定	实测	设定	实测
1	8.112	1.014	130.0	130.4	140.0	150.3	130.0	130.4
2	7.216	0.902	130.0	130.4	140.0	150.5	130.0	130.4
3	6.312	0.789	130.0	130.4	140.0	150.5	130.0	130.6
4	5.408	0.676	130.0	130.4	140.0	150.4	130.0	130.5
5	4.504	0.563	130.0	130.4	140.0	150.6	130.0	130.5

数据序号		y_1/%	y_2/%	x_A/%	$\overline{x}_A$/%	W/F_{A0}/ (g·h/mol)
1	(1)	66.50	33.50	31.87		
	(2)	66.57	33.43	31.80	31.86	1.972
	(3)	66.46	33.54	31.91		
2	(1)	53.36	46.64	44.80		
	(2)	53.40	46.60	44.76	44.79	2.217
	(3)	53.35	46.65	44.81		
3	(1)	39.11	60.89	59.11		
	(2)	39.16	60.84	59.06	59.10	2.535
	(3)	39.09	60.91	59.13		
4	(1)	27.50	72.50	71.00		
	(2)	27.60	72.40	70.90	70.95	2.959
	(3)	27.55	72.45	70.95		
5	(1)	14.90	85.10	84.14		
	(2)	14.82	85.18	84.22	84.19	3.552
	(3)	14.81	85.17	84.21		

由实验数据作出 x_A-W/F_{A0} 曲线，曲线方程为：

$$x_A = -0.1296 \left(\frac{W}{F_{A0}}\right)^2 + 1.04241 \left(\frac{W}{F_{A0}}\right) - 1.22883$$

曲线上任意一点的斜率就对应于该转化率下的宏观反应速率：

$$(-R_A)_{宏} = \frac{\mathrm{d}x_A}{\mathrm{d}(W/F_{A0})} = 1.04241 - 2 \times 0.1296 \times \left(\frac{W}{F_{A0}}\right)$$

对第一组数据：

$$(-R_A)_{宏} = \frac{\mathrm{d}x_A}{\mathrm{d}(W/F_{A0})} = 1.04241 - 2 \times 0.1296 \times 1.972 = 0.5312$$

$$Q_0 = \frac{(F_{A0} + F_{H0}) \times 22.4 \times 1000 \times (273.15 + T_0)}{273.15}$$

$$= \frac{(8.112 + 1.014) \times 22.4 \times 1000 \times (273.15 + 150.00)}{273.15}$$

$$= 316680.72 \ (\mathrm{mL/h})$$

$$c_{A0} = F_{A0}/Q_0 = 3.202 \ (\mathrm{mol/m^3})$$

$$c_{AG} = c_{A0}(1 - x_A) = 3.202(1 - 0.3186) = 2.182 \ (\mathrm{mol/m^3})$$

$$\Phi_S = \phi_S^2 \eta = R^2 \frac{k_P}{D_{eA}} \times \frac{(-R_A)_{宏}}{k_w c_{AG}} = R^2 \frac{k_w \rho_P}{D_{eA}} \times \frac{(-R_A)_{宏}}{k_w c_{AG}} = R^2 \frac{(-R_A)_{宏} \rho_P}{D_{eA} c_{AG}} = 4.29$$

试差求得 $\phi_S = 2.390$，故 $\eta = 0.751$。

其余四组数据计算同上，计算结果如下。

F_{A0} /(mol/h)	F_{H0} /(mol/h)	Q_0 /(mL/h)	c_{A0} /(mol/m³)	W/F_{A0} /(g·h/mol)	$(-R_A)$ /(mol/g·h)	Φ_S	ϕ_s	η
1.014	8.112	316680.72	3.202	1.972	0.5312	4.29	2.390	0.751
0.902	7.216	281702.18	3.202	2.217	0.4677	4.66	2.52	0.733
0.789	6.312	246411.33	3.202	2.535	0.3854	5.19	2.706	0.709
0.676	5.408	211120.48	3.202	2.959	0.2756	5.22	2.716	0.708
0.563	4.504	175829.63	3.202	3.553	0.1217	4.23	2.368	0.754

故 $\overline{\eta} = 0.731$。

七、实验结果分析和思考题

1. 实验结果分析

给出实验数据计算的主要结果，并进行分析，讨论误差来源。

2. 思考题

① 外扩散阻力如何消除？

② 本征反应动力学如何测定？

八、注意事项

① 实验前，一定要检查管路的气密性，尾气要接到室外。

② 实验操作一定要按步骤进行，防止催化剂失活。

③ 实验中要注意保持氢气、苯流量的稳定。

④ 实验结束后，检查水、电、气的阀门，关闭后才能离开。

九、知识拓展

催化反应过程能改变化学反应速率，在现代化学工程中起着关键作用。多相催化直接或间接地贡献了世界 GDP 的 20%～30%，涉及石油化工、能源催化、环境催化、精细化工以及特种化工等过程。但由于外扩散和内扩散的存在，催化剂的最大潜能无法发挥出来，因此需要采取适当措施，减小外、内扩散的影响，提高催化剂效率。这正如我们的人生，勤奋、努力就是成功的催化剂。但在人生道路中总会遇到曲折和困难，找准努力方向，改进做事方法，才能使付出得到最大的回报。

在我国，被誉为"中国催化剂之父"的是石油化工催化剂专家闵恩泽院士。闵恩泽是中国科学院院士、中国工程院院士、第三世界科学院院士、英国皇家化学会会士，2007 年度国家最高科学技术奖获得者，感动中国 2007 年度人物之一，是中国炼油催化应用科学的奠基者，石油化工技术自主创新的先行者，绿色化学的开拓者。闵恩泽主要从事石油炼制催化剂制造技术领域研究，20 世纪 60 年代主持开发了制造磷酸硅藻土叠合催化剂的混捏-浸渍新流程通过中型试验，提出了铂重整催化剂的设计基础，成功研制航空汽油生产急需的小球硅铝催化剂，主持开发微球硅铝裂化催化剂。20 世纪 80 年代开展了非晶态合金等新催化材料和磁稳定床等新反应工程的导向性基础研究。1995 年，闵恩泽进入绿色化学的研究领域，策划、指导、开发了化纤单体己内酰胺生产的成套绿色技术和生物柴油制造新技术。

1946 年，闵恩泽毕业于中央大学；1951 年，获美国俄亥俄州立大学博士学位；1955 年，进入石油工业部北京石油炼制研究所（现石油化工科学研究院）工作；曾为资深院士、中国石油化工股份有限公司石油化工科学研究院高级顾问。2016 年 3 月 7 日上午 5 时 5 分，闵恩泽先生因病于北京逝世，享年 93 岁。

十、参考文献

[1] 丁一刚，刘生鹏. 化学反应工程. 北京：化学工业出版社，2023.

[2] 庞先燊，唐康敏，黄中涛. 在 Pt/Al_2O_3 催化剂上气相苯加氢反应动力学. 化学反应工程与工艺，1991，7（3）：215-233.

[3] 黄仲涛，耿建铭. 工业催化. 4 版. 北京：化学工业出版社，2020.

附录：催化剂目数和粒径的关系

目数	粒径/mm
10	1.651
12	1.397
24	0.701
28	0.589
48	0.295
100	0.147

实验 11　液固催化反应动力学测定

一、实验目的

① 了解甲醇和甲醛合成原理。

② 掌握反应动力学模型测定的基本原理和方法。

③ 掌握可逆反应中动力学数据的处理方法及动力学方程参数的求取。

④ 掌握测温法在反应动力学研究中的基本原理。

二、实验原理

1. 甲缩醛合成的基本原理

甲缩醛是合成高浓度（>80%）甲醛的关键原料，20 世纪 80 年代中期，日本旭化成公司以硅酸铝固体酸为催化剂，采用反应精馏技术，建成工业规模甲缩醛生产装置，不但与高浓度甲醛新工艺配套，也代表了甲缩醛生产的先进水平。

在酸性催化剂（如酸性阳离子交换树脂、分子筛等）作用下，由甲醇和稀甲醛合成高纯度甲缩醛，是甲缩醛氧化直接生产高浓度甲醛新工艺的关键步骤之一，其反应方程式为：

$$2CH_3OH + HCHO \underset{}{\overset{催化剂}{\rightleftharpoons}} CH_3OCH_2OCH_3 + H_2O$$

甲缩醛合成反应为可逆反应，平衡转化率一般在 50% 以下。由于受化学平衡的限制，反应体系中存在甲醇、甲醛、甲缩醛和水等组分。采用反应精馏技术，将甲缩醛产品不断从反应体系中移出，可使甲醇转化率达 99% 以上，并在塔顶得到高纯度的甲缩醛。与普通精馏不同，反应精馏既存在物理分离过程又存在化学反应过程。因此反应精馏塔的设计不仅需要汽液平衡关系和传质模型，而且需要化学反应动力学模型。

2. 测温法的基本原理

在反应精馏塔中进行的催化反应，反应体系始终处于沸腾状态，因此只有在沸腾状态下测得的反应动力学才完全适用于反应精馏塔的设计，而不需要外推。甲缩醛合成反应属液固催化反应，由于所采用的固体酸催化剂具有良好的选择性（99% 以上），反应可近似被看成简单反应。当反应间歇进行，反应体系又处于沸腾状态时，由于反应速率很快，一般在 10min 左右反应就已接近化学平衡，欲采用常规取样分析组成的方法来准确测定该反应的动力学规律是困难的。由于产品甲缩醛沸点较低（42℃），而原料甲醇、甲醛溶液沸点相对较高，因此在甲缩醛合成反应过程中，随着反应的不断进行，甲缩醛不断生成，甲醇、甲醛不断消耗，必然导致反应混合物泡点温度不断下降，直至达到化学平衡。对于甲缩醛合成这样的简单反应，随着反应的进行反应混合物泡点温度不断下降这一现象，直观地反映了反应转化率的增加，也就反映了反应的动力学规律。这种反应混合物泡点温度变化速率与反应速率的一致性，使得以测量温度代替分析组成获得动力学数据成为可能。

根据文献实测的反应混合物泡点温度 T 与转化率 x_M 的关系曲线（即标准曲线），可拟合得到下列关系式：

$$x_M = a + b/T + cT$$

式中，a、b、c 参数见表 5-16。

3. 动力学方程参数的求取

对于甲缩醛合成反应：

$$2CH_3OH + HCHO \underset{}{\overset{催化剂}{\rightleftharpoons}} CH_3OCH_2OCH_3 + H_2O$$
$$（M）\qquad（F）\qquad\qquad（D）\qquad\qquad（W）$$

研究表明其反应动力学为二级反应，反应速率方程式为：

$$(-r_{\mathrm{M}}) = k_1 c_{\mathrm{M}} c_{\mathrm{F}} - k_2 c_{\mathrm{D}} c_{\mathrm{W}} \tag{5-33}$$

在高速搅拌时，反应器可视为连续搅拌釜式反应器（CSTR），则式（5-33）中反应速率表达为：

$$(-r_{\mathrm{M}}) = \frac{n_{\mathrm{M0}}}{W} \times \frac{\mathrm{d}x_{\mathrm{M}}}{\mathrm{d}t} = \frac{Q_0 c_{\mathrm{M0}} x_{\mathrm{M}}}{W} \tag{5-34}$$

各项浓度 c_{M}、c_{F}、c_{D} 和 c_{W} 均可写成转化率 x_{M} 的表达式：

$$c_{\mathrm{M}} = c_{\mathrm{M0}} (1 - x_{\mathrm{M}}) \tag{5-35}$$

$$c_{\mathrm{F}} = c_{\mathrm{M0}} \left(\frac{1}{\beta} - \frac{x_{\mathrm{M}}}{2} \right) \tag{5-36}$$

$$c_{\mathrm{D}} = c_{\mathrm{M0}} x_{\mathrm{M}} / 2 \tag{5-37}$$

$$c_{\mathrm{W}} = c_{\mathrm{M0}} \left(\frac{1}{\gamma} - \frac{x_{\mathrm{M}}}{2} \right) \tag{5-38}$$

由于该反应的热效应极小，近似为零即 $E_+ = E_- = E$，因而平衡转化率不受温度的影响，因此可在间歇条件下测得平衡常数 K。

$$K = \frac{k_1}{k_2} = \frac{c_{\mathrm{D}} c_{\mathrm{W}}}{c_{\mathrm{M}} c_{\mathrm{F}}} \tag{5-39}$$

因此式（5-33）可转化为：$(-r_{\mathrm{M}}) = k_1 \left(c_{\mathrm{M}} c_{\mathrm{F}} - \frac{1}{K} c_{\mathrm{D}} c_{\mathrm{W}} \right) \tag{5-40}$

结合式（5-34）、式（5-39）和式（5-40）可求得不同温度下的 k_1，根据 Arrhenius 方程，由 $\ln k_1$ 与 $1/T$ 作图求得反应活化能 E_{a} 和指前因子 k_0。

三、实验装置和流程

实验装置如图 5-18 所示。图 5-19 为实验流程，按一定比例混合好的甲醇、甲醛和水由高位槽经阀门到转子流量计进行流量调节，物料再进入反应器。该反应器为一体积为 100mL 的夹套式搅拌釜，物料和催化剂在釜内进行反应。调节搅拌器的转速来控制釜内物料混合搅拌状况，反应液的泡点温度由热电阻测定，温度值显示在 XMT-3000 温度仪表上。变压器为反应器加热装置的电压控制器。反应过程中，上升的汽相经冷凝器冷凝回流至反应器内，出料由带小孔的溢流口流出。

反应原料为工业甲醇、工业甲醛和水，催化剂为大孔酸性阳离子交换树脂。

四、实验步骤

① 配制一定浓度的甲醇和甲醛溶液，倒入高位槽中备用（由教师准备）。

② 准确称量 2～5g 的酸性催化剂，由反应器口放入。

③ 装配好反应装置，开启总电源、电机电源和加热电源，调节加热电压为 150V 左右。同时开启冷凝水。

④ 开启进料总阀进料，直至溢流口有液体流出，调节搅拌转速在 4～5 档。

⑤ 稳定进料流量 Q，观察反应状态，当物料出现沸腾时，观察反应液的泡点温度，维持反应一段时间，其长短根据连续反应时确定条件下可能达到的转化率而定。当该温度稳定在 ±0.2℃范围内时，视反应达到稳态，记录反应器内温度。

⑥ 改变反应进料量，重复上一步，测定另一个条件下的泡点温度。此步重复 3～5 次。

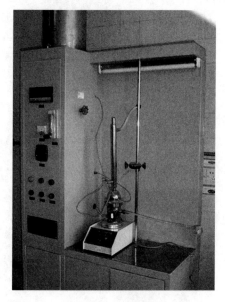

图 5-18　实验装置

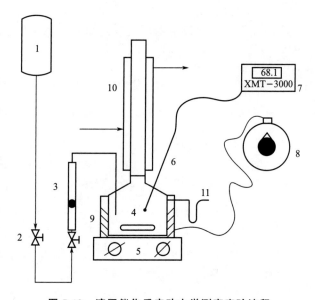

图 5-19　液固催化反应动力学测定实验流程

1—高位槽；2—进料总阀；3—转子流量计；4—反应器；5—搅拌器；
6—热电阻；7—XMT-3000 显示仪表；8—调压器；9—加热装置；
10—冷凝器；11—溢流管

⑦ 关闭进料阀，在间歇条件下测定其平衡时的泡点温度。

⑧ 实验结束，关闭电源，关闭冷凝水，并将物料从反应器倒至废液桶中，回收催化剂，洗净反应器待用。

五、实验数据记录

将实验原始数据记录于表 5-12 和表 5-13 中。

表 5-12　实验条件

实验日期：_____　　气温：_____℃　　大气压：_____MPa

催化剂 /g	加热电压 /V	搅拌转速/挡	甲醇初浓度 /（mol/L）	甲醛初浓度 /（mol/L）	水初浓度 /（mol/L）	甲缩醛初浓度 /（mol/L）

表 5-13　泡点温度

序号	1	2	3	4	5	6	平衡
进料流量 Q_0 /（L/h）							
进料流量校核 值 Q_0/（L/h）							
泡点温度 T/K							

六、实验数据处理

1. 转化率浓度的求取

根据实验数据和转化率泡点关系式求出相应的不同浓度下反应物、产物浓度，将结果列于表 5-14 中。

表 5-14　转化率、浓度组成和反应速率

项目	1	2	3	4	5	6	平衡
$Q_0/$（L/h）							
x_M							
$c_M/$（mol/L）							
$c_F/$（mol/L）							
$c_D/$（mol/L）							
$c_W/$（mol/L）							
反应速率（$-r_M$）							

2. K、k_1、E_a 的求取

由平衡浓度计算出相应的 K，并由上表计算不同温度下的 k_1，列于表 5-15 中。

表 5-15　不同温度下的 k_1

项目	平衡	1	2	3	4	5	6
T/K							
k_1							
$1/T$							
$\ln k_1$							

由上表结果，将 $\ln k_1$ 与 $1/T$ 进行作图，由线性回归求得 E_a 和 k_0。

七、实验结果分析和思考题

1. 实验结果分析

给出实验数据处理的主要结果，并进行说明。分析实验中的误差。

2. 思考题

① 反应动力学方程求取的实验方法有几种，各有何优缺点？

② 在此实验中，为何用测温法来测动力学数据，其适用条件是什么？

③ 如采用间歇反应测定该动力学，如何进行？

④ 在实验中如何排除内、外扩散的影响？

⑤ 该反应为何要测定泡点下的动力学？

⑥ 通过实验，你认为该实验过程有何进一步的改进？

八、注意事项

① 实验中注意流量的稳定，调节时应细心。
② 热电阻应在液面下少许，不宜太低。
③ 反应器装配中，应保证搅拌顺畅，加热电压不宜过高，以防止液体的蒸发量过大。
④ 反应过程中，一定要观察到液体沸腾，才可进行测温。
⑤ 溢流时要保持流体的流动通畅，以防液面上升过高。
⑥ 注意催化剂的集中回收。

九、参考文献

［1］丁一刚，刘生鹏．化学反应工程．北京：化学工业出版社，2023.
［2］曹晨．甲缩醛与三聚甲醛反应合成聚甲氧基二甲醚的动力学研究．天津：天津大学，2021.
［3］张媛．乙酸氯化反应动力学及反应分离耦合工艺研究．南京：南京工业大学，2007.
［4］乔旭，曾崇余．测温法研究甲缩醛合成反应动力学．南京化工学院学报，1993（S1）：1-7.

附录：配制一定甲醇、甲醛初始浓度下各虚拟转化率对应的反应混合物，在与实际反应相同的操作条件下，测出混合物的泡点温度，得到该温度与转化率的关系曲线 T-x 标准曲线，根据实验数据回归出相应的方程（$x_M = a + b/T + cT$），参数见表 5-16。

表 5-16　甲醇转化率 x_M 与泡点回归系数

初始组成		参数		
β (c_{M0}/c_{F0})	γ (c_{M0}/c_{W0})	a	$b \times 10^{-3}$	$c \times 10^2$
2.0	0.70	−42.30	8.276	5.356
2.0	0.41	−26.02	5.502	2.976
2.0	0.27	−54.62	10.46	7.102
1.5	0.31	−32.14	6.605	3.835
2.5	0.51	−35.99	7.217	4.410

实验 12　液-液萃取实验

一、实验目的

① 了解液-液萃取原理和实验方法。

② 了解转盘萃取塔的结构、操作条件和控制参数。

③ 掌握评价传质性能的传质单元数和传质单元高度的测定和计算方法。

二、实验原理

液-液萃取是分离液体混合物和提纯物质的重要单元操作之一。在欲分离的液态混合物（本实验为：煤油和苯甲酸的混合溶液）中加入一种与其互不相溶的溶剂（本实验为：水），利用混合液中各组分在两相中分配性质的差异，易溶组分较多地进入溶剂相从而实现混合液的分离。萃取过程中所用的溶剂称为萃取剂（水），混合液中欲分离的组分称为溶质（苯甲酸），萃取剂提取了混合液中的溶质称为萃取相，分离出溶质的混合液称为萃余相。

图 5-20 是一种单级萃取过程示意图。将萃取剂加到混合液中，搅拌使其互相混合，因溶质在萃取相的平衡浓度高于在混合液中的浓度，溶质从混合液向萃取剂中扩散，从而使溶质与混合液中的其他组分分离。

由于在液-液系统中，两相间的密度差较小，界面张力也不大，所以从过程进行的流体力学条件看，在液-液的接触过程中，能用于强化过程的惯性力不大。为了提高液-液相传质设备的效率，常常从外界向体系外加能量，如搅拌、脉动、振动等。本实验采用的转盘萃取塔属于搅拌一类。

与精馏和吸收过程类似，由于萃取过程的复杂性，萃取过程也被分解为理论级和级效率，或者传质单元数和传质单元高度。对于转盘萃取塔、振动萃取塔这

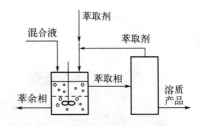

图 5-20 单级萃取过程示意图

类微分接触萃取塔的传质过程，一般采用传质单元数和传质单元高度来表征塔的传质特性。

萃取相传质单元数 N_{OE} 表示分离过程的难易程度。对于稀溶液，近似用下式表示：

$$N_{OE} = \int_{x_2}^{x_1} \frac{\mathrm{d}x}{x - x^*} = \ln\frac{x_1 - x^*}{x_2 - x^*} \tag{5-41}$$

式中　N_{OE}——萃取相传质单元数；

　　　x——萃取相的溶质浓度；

　　　x^*——溶质平衡浓度；

　　　x_1——萃取相进塔的溶质浓度；

　　　x_2——萃取相出塔的溶质浓度。

萃取相的传质单元高度用 H_{OE} 表示：

$$H_{OE} = H/N_{OE} \tag{5-42}$$

式中　H——塔的有效高度，m。

传质单元高度 H_{OE} 表示设备传质性能的优劣。H_{OE} 越大，设备效率越低。影响萃取设备传质性能优劣的因素很多，主要有设备结构因素、两相物性因素、操作因素以及外加能量的形式和大小。

三、实验装置和流程

1. 实验装置

本实验装置为转盘萃取塔，见图 5-21。转盘萃取塔是一种效率比较高的液-液萃取设备。

实验的转盘塔塔身由玻璃制成，转轴、转盘、固定盘由不锈钢制成。转盘塔上下两端各有一段澄清段，使每一相在澄清段有一定的停留时间，以便两液相的分离。在萃取区，一组转盘固定在中心转轴上，转盘有一定的开口，沿塔壁则固定着一组固定圆环盘，转轴由在塔顶的调速电机驱动，可以正反两个方向调节速度。分散相（油相）被转盘强制性混合搅拌，使其以较小的液滴分散在连续相（水）中，并形成强烈的湍动，促进传质过程的进行。转盘塔具有以下几个特点：①结构简单、造价低廉、维修方便、操作稳定；②处理能力大、分离效率高；③操作弹性大。

2. 实验流程

实验流程见图 5-22。实验中将含有苯甲酸的煤油从油循环槽经油泵通过转子流量计打入转盘塔底部，由于两相的密度差，煤油从底部往上运动到塔顶。在塔的上部设置一澄清段，以保证有足够的保留时间，让分散的液相凝聚实现两相分离。经澄清段分层后，油相从塔顶出口排出返回油循环槽。水相经转子流量计进入转盘塔的上部，在重力的作用下从上部往下与煤油混合液逆流接触，在塔底澄清段分层后排出。在塔中，水和含有苯甲酸的煤油在转盘搅拌下被充分混合，利用苯甲酸在两液相之间不同的平衡关系，实现苯甲酸从油相转移到水相中。

图 5-21　转盘萃取塔

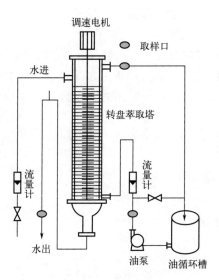

图 5-22　液-液萃取实验流程

实验药品：苯甲酸（分析纯）；煤油；氢氧化钠（分析纯）；酚酞。

实验仪器：分析天平；磁力搅拌器；分液漏斗（250mL）；容量瓶（500mL）1 个；锥形瓶（100mL）2 个；移液管（10mL）3 根；碱式滴定管（50mL）1 根。

四、实验步骤

1. 实验步骤

① 配制标准 NaOH 溶液（滴定用，浓度大约为 0.03mol/L）。

② 将一定量的苯甲酸溶于煤油中，在油循环槽中通过油泵搅拌使煤油中苯甲酸的浓度

均匀。

③ 取 10mL 循环槽中的煤油，放入烧杯，再加入 40mL 水，经 30min 搅拌后，在分液漏斗中静置 20min，取 20mL 下层水，测定出苯甲酸的平衡浓度。

④ 开启水阀，水由上部进入转盘塔。待水灌满塔后，开启油泵，通过阀门调节流量，将煤油送入转盘塔上部。调节萃取剂（水）与混合液（煤油）流量之比为 4∶1（建议水相流量为 20L/h，油相流量为 5L/h），转速调节到 500r/min 左右，正转。

⑤ 观测塔中两相的混合情况，每隔半小时进行取样分析，直到出口水中苯甲酸浓度趋于稳定为止。

⑥ 测定出水口温度（视为实验体系温度）。

⑦ 实验完毕，关闭电源，将塔中和循环槽的煤油和水放尽。

⑧ 整理所记录的实验数据，进行处理。

2. 分析方法

本实验分析方法采用化学酸碱滴定法。用配制好的氢氧化钠滴定苯甲酸在水和油中的浓度，用酚酞作指示剂。在滴定的过程中，当溶液恰好变为粉红色，摇晃后不再褪色时即达到滴定终点。本实验中需分别测定出塔水中苯甲酸浓度和操作温度下苯甲酸平衡浓度。由此推算出塔的传质单元高度。

五、实验数据记录

将实验数据记录在表 5-17 中。

表 5-17 实验数据记录表

塔高：_____ m；体系温度：_____ ℃；萃取相：_____；萃余相：_____；
水流量：_____ L/h；油流量：_____ L/h；氢氧化钠浓度 $x_{NaOH}=$_____ mol/L

序号	操作参数				滴定用 NaOH/mL	
	流量/（L/h）		累计时间 /min	转速 /（r/min）	出塔水 ΔV_1	平衡 ΔV_2
	$Q_水$	$Q_油$				
1						
2						
3						

六、实验数据处理

1. 苯甲酸浓度计算

进塔水中苯甲酸的浓度：　　　$x_1=0$

出塔水中苯甲酸的浓度：　　　$x_2=\Delta V_1 x_{NaOH}/20$

苯甲酸的平衡浓度：　　　$x^*=\Delta V_2 x_{NaOH}/20$

2. 传质单元数及传质高度的计算

$$N_{OE} = \int_{x_2}^{x_1} \frac{dx}{x - x^*} = \ln \frac{x_1 - x^*}{x_2 - x^*}$$

$$H_{OE} = H / N_{OE}$$

七、实验结果分析和思考题

1. 实验结果分析

给出实验数据处理的主要结果，并进行说明。

2. 思考题

① 在本实验中水相是轻相还是重相，是分散相还是连续相？

② 转速和油水流量比对萃取过程有何影响？

③ 在本实验中分散相的液滴在塔内是如何运动的？

④ 传质单元数与哪些因素有关？

⑤ 转轴的正转和反转对实验是否有影响？

⑥ 查阅转盘萃取塔的相关文章。

八、注意事项

① 在实验过程中如转轴发生异常响动，应立即切断电源，查找原因。

② 注意保持油和水流量计在实验过程中的稳定。

③ 注意观察实验过程中萃取塔澄清段油水分层液面的合适位置。

④ 由于流量计读数是在 20℃ 下用水标定，所以温度相差较大时，油流量计读数需要校正。

⑤ 若采用自动电位滴定仪滴定时，注意电极的标定。

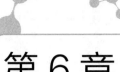

第6章
综合型实验

实验 13　环己烷液相催化氧化制环己酮

一、实验目的

① 了解烃液相催化氧化的反应特点和影响因素、气液反应器的特点。
② 掌握气液反应的一般规律和环己烷液相氧化的实验技术。
③ 认识均相络合催化在化学工业中的重要意义。

二、实验原理

环己烷空气氧化遵循一个自由基退化支链反应，包括链引发、链传递、链支化、链终止步骤自由基反应历程。按氧化反应进行的程度，反应可以分为以下三个阶段。

第一阶段：自由基的反应引发阶段。主要是烷基过氧化氢的生成，由于氧分子的解离能较大，难以均裂成自由基，所以引发过程首先应该是环己烷脱氢形成自由基。引发可以借助于热量，也可被变价金属离子所催化，这一阶段反应历程为

$$RH + O_2 \longrightarrow R \cdot + \cdot OOH$$
$$R \cdot + O_2 \longrightarrow ROO \cdot$$

第二阶段：环己酮生成阶段。烷基过氧化氢解离过程的解离能较低，容易热分解，反应历程为

$$ROOH \longrightarrow RO \cdot + \cdot OH$$

烷氧自由基进一步反应，则得到环己醇和环己酮：

$$RO \cdot + RH \longrightarrow ROH + R \cdot$$
$$ROOH + R \cdot \longrightarrow ROH + RO \cdot$$
$$2RO \cdot \longrightarrow ROH + RO \cdot$$

醇也可以转化为烷氧自由基：

$$ROOH + ROH \longrightarrow 2RO \cdot$$

$$ROO\cdot + ROH = RO\cdot$$

第三阶段：环己酮的进一步氧化。环己酮可通过自由基历程进一步氧化成酸，环己酮 α 位上的氢容易脱去形成新的自由基，从而与氧分子结合形成过氧化物。碳碳键断裂形成醛基酸，醛基容易被氧化成羧酸基，即得到己二酸。继续被氧化将发生碳链断裂，所以氧化产物中会有一些低碳酸的存在。

三、实验装置和流程

本实验装置模拟工业生产中的氧化反应单元装置，采用鼓泡塔为气液反应器形式，通过实验操作，了解工业生产环己酮的工艺流程和气液反应器的特点。实验采用空气为氧化剂，Co 含量为 11% 的环烷酸钴作为催化剂。

实验流程见图 6-1，来自空压机的压缩空气由单向阀进入缓冲罐，然后由鼓泡塔下端进入鼓泡塔进行鼓泡反应，反应中生成的水和夹带出的环己烷进入冷凝器进行冷凝。气体与冷凝液在冷凝器下部进行气液分离，液相进入油水分离器进行油水分离，油相环己烷由回流管回流到反应器中部。气相经尾气阀减压后进入气体流量计放空。

冷凝器为不锈钢列管式，冷却水走壳程，物料走管程。反应器为不锈钢材质，外壁缠有电热带以给反应器供热，反应器内的温度测定与控制由 XMT-3000 数字式智能温度控制器进行。空压机输出压力由 P1 指示，P2 为反应压力。反应温度由热电偶测量，并由温度控制仪显示和控制。

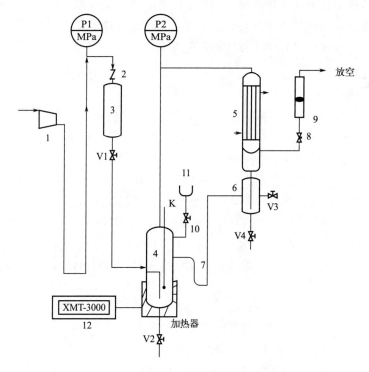

图 6-1　实验流程

1—空气压缩机；2—单向阀；3—缓冲罐；4—鼓泡塔；5—冷凝器；6—油水分离器；7—回流管；
8—尾气阀；9—流量计；10—进料阀；11—进料漏斗；12—温度控制仪；P1—空气压缩机压力表；
P2—鼓泡塔反应压力；K—热电偶；V1—进气阀；V2—出料阀；V3、V4—放水阀

四、实验步骤

① 用烧杯量取 100mL 左右的环己烷并用天平称重（W_0），用针筒将 0.5mL 左右催化剂加入反应液中并混合均匀。

② 完全打开尾气阀和进料阀，将物料由进料漏斗加入鼓泡塔中，然后将进料阀关闭，关小尾气阀。

③ 开启温控加热装置将温度设定到 90℃，开启空压机向塔内鼓泡，使压力达到 0.4MPa 左右，并记下开始时间。

④ 当反应塔温度到达 90℃时，将温度设定到 150～165℃，同时调节尾气阀，使反应体系的压力在 0.4～0.6MPa 之间，气体流量控制在 100～150L/h 之间，记录实验过程中的各种参数值。

⑤ 一定的反应时间（1～2h）后，停止对反应器加热，继续通气对反应器进行降温。

⑥ 反应器温度到达 80℃时，打开出料阀进行出料，将反应液放到锥形瓶中称重得到反应液质量（W_1）。

⑦ 用内标法测定环己酮的含量。

a. 从反应液中移取 2mL 液体到事先精确称量过质量的取样瓶中。

b. 精确称量取样瓶和样品的质量，得到样品量 m。

c. 将准确称量的异辛醇加入取样瓶中，振荡均匀。

d. 开启气相色谱仪，调节载气流量，设定汽化温度 200℃、柱温度 160℃ 和 FID 检测器温度 200℃。点火，待色谱仪稳定后，对氧化产物进行分析。记录相关数据。

⑧ 用无水乙醇清洗反应装置。

⑨ 进行数据处理，计算环己烷转化率及选择性。

五、实验数据记录

将实验原始数据和色谱分析数据记录于表 6-1 和表 6-2 中。

表 6-1　实验数据

实验日期：_____ 气温：_____℃ 大气压：_____MPa

时间/min	进料量 W_0/g	出料量 W_1/g	温度/℃	压力/MPa	流量/（L/h）

表 6-2　色谱分析数据记录

编号	样品量/g	异辛醇/g	$A_{烷}$	$A_{酮}$	$A_{醇}$	$A_{内}$
1						
2						
3						

六、实验数据处理

环己烷液相氧化主要产物为环己酮，主要副产物为环己醇。环己烷转化率的计算如下：

$$m_{烷} = \frac{f_1 A_{烷} m_{内}}{A_{内}}$$

$$m_{烷剩} = \frac{m_{烷} W_{出料}}{m_{样}}$$

$$转化率\ x = \frac{m_{烷始} - m_{烷剩}}{m_{烷始}} \tag{6-1}$$

式中，$m_{烷}$为称量的样品中环己烷的量；$m_{内}$为加入样品中内标异辛醇的量；$W_{出料}$为反应结束总的出料量；$m_{烷剩}$为未反应掉的环己烷的量；$m_{烷始}$为开始加入环己烷的量；$m_{样}$为所取样品的量；f_1为环己烷相对于异辛醇的校正因子，0.77；$A_{烷}$为环己烷的峰面积；$A_{内}$为内标物的峰面积。

选择性的计算公式如下：

$$m_{酮} = \frac{f_2 A_{酮} m_{内}}{A_{内}}$$

$$S_{酮} = \frac{M_{烷}\ m_{酮}/M_{酮}}{m_{烷始} - m_{烷剩}} \tag{6-2}$$

$$m_{醇} = \frac{f_3 A_{醇} m_{内}}{A_{内}}$$

$$S_{醇} = \frac{M_{烷}\ m_{醇}/M_{醇}}{m_{烷始} - m_{烷剩}} \tag{6-3}$$

式中，$m_{酮}$为称量反应液样品中环己酮的量；$M_{烷}$为环己烷的分子量；$M_{酮}$为环己酮的分子量；$M_{醇}$为环己醇的分子量；$m_{内}$为加入样品中内标异辛醇的量；f_2为环己酮相对于异辛醇的校正因子，1.39；f_3为环己醇相对于异辛醇的校正因子，1.42；$A_{酮}$为环己酮的峰面积；$A_{醇}$为环己醇的峰面积；$A_{内}$为内标物的峰面积。

七、实验结果分析和思考题

1. 实验结果分析

给出主要实验结果，并分析影响环己烷转化率和选择性的因素。

2. 思考题

① 分析实验中出现的实验误差。

② 气液反应器有哪些类型？各有什么特色？

③ 增大通气量对反应有何影响？改用富氧作氧化剂如何？

④ 反应时为何要加压进行？

⑤ 如何提高环己烷氧化的反应速度？如何增强气液间的传质？

⑥ 工业上生产环己酮的工艺有几种？各有什么优缺点？

⑦ 通过实验，你认为实验中有哪些地方可以进一步改进？

八、注意事项

① 实验中气量不宜太大，避免出现大量的气液夹带。

② 反应中不得使反应压力低于 0.2MPa，使得反应物料迅速汽化。

③ 出料时，注意反应器的温度在 70～80℃较宜，并带 0.1MPa 的压力。

九、知识拓展

环己酮是合成尼龙 6 及尼龙 66 等的重要中间体，在合成橡胶、纤维、染料、农药、涂料等领域具有重要的工业应用价值。近年来，我国环己酮产量逐年增加，具有广阔的市场需求。

环己酮的工业生产方法主要有苯酚加氢法、环己烷液相氧化法、环己烯水合法等。其中环己烷空气液相氧化法是当前生产环己酮的主要工艺路线，90％以上的环己酮都采用该法生产。空气液相氧化法主要有无催化氧化和催化氧化，催化氧化分为钴盐催化氧化、硼酸催化氧化、仿生催化、金属氧化物催化、金属络合物催化等。钴盐催化氧化法是由美国杜邦公司于 20 世纪开发成功的，是以油溶性钴盐即环烷酸钴、硬脂酸钴或辛酸钴为催化剂，空气为氧化剂，在气液反应器中进行的氧化反应。该反应温度 150～160℃，反应压力 0.8～0.9MPa，反应时间 0.5～1.0h，催化剂用量 0.5～2.5mg/L。环己烷转化率 3％～5％，选择性为 70％～75％，产物主要为环己醇和环己酮。钴盐催化氧化法的优点是反应温度较温和、反应压力低、反应时间短，但反应选择性低，副产物有机羧酸与钴盐结合成有机羧酸盐，影响装置的长周期运行。

传统加氢合成环己酮工艺大多采取间歇加氢的方法，需要在生产过程中不断地人工升温、排放气体，具有能耗高、环境污染严重、产品质量不稳定、安全隐患多等缺点。膜分离是一种高效的分离技术，将膜分离过程与反应过程集成在同一流程中，能实现催化剂的循环使用，减少催化剂流失，提高产品质量。

南京工业大学化工学院膜科学技术研究所应用自己研发的陶瓷膜，通过连续加氢的方法，采用催化剂原位分离，催化剂回收率大于 99.9％，新工艺的环己酮收率为 80％。在传统生产工艺中，每生产 1t 环己酮会产生 0.8t 废水，而采用连续加氢-膜分离耦合技术，催化剂颗粒通过膜装置实现分离，循环使用，氢气零排放，产物只有环己酮与环己醇，而环己醇通过脱氢进一步生成环己酮，无其他副产物。整个反应连续进行，在实现高效反应的同时，"三废"排放几乎为零，从源头上真正实现绿色生产，对环境更友好，实现生产过程连续化。

该研究团队目前已开发出百吨级连续加氢-膜分离耦合制备环己酮工艺包，并建成了百吨级中试装置。2020 年初，对该中试装置进行了 72h 运行考核，经过现场取样分析标定，产品合格。该项成果于 2020 年 9 月 15 日荣获中国化工学会基础研究成果奖一等奖。

十、参考文献

［1］崔小明．我国环己酮合成工艺技术研究进展．精细石油化工进展，2023，24（3）：30-35．

［2］张丽平，谢同，杨学萍．环己酮生产技术研究进展及市场分析．石油化工技术与经济，2023，39（2）：10-13．

实验 14　乙苯脱氢制苯乙烯

一、实验目的

① 掌握乙苯气相催化脱氢制备苯乙烯的过程，明确乙苯脱氢操作条件对产物收率的影响。

② 熟悉反应器、汽化器等的结构特点和使用方法。

③ 了解反应温度控制和测量方法以及加料的控制与计量。

④ 了解反应产物的分析测试方法。

二、实验原理

乙苯脱氢为可逆吸热反应。

主反应：

$$C_8H_{10} \xrightarrow[873K]{\text{催化剂}} C_8H_8 + H_2 \qquad \Delta H_{873K} = 125\text{kJ/mol}$$

除脱氢反应外，还发生一系列副反应，生成苯、甲苯、甲烷、乙烷、烯烃、焦油等，如：

(1) $C_8H_{10} \longrightarrow C_6H_6 + C_2H_4 \qquad \Delta H_{873K} = 102\text{kJ/mol}$

(2) $C_8H_{10} + H_2 \longrightarrow C_7H_8 + CH_4 \qquad \Delta H_{873K} = -64.4\text{kJ/mol}$

(3) $C_8H_{10} + H_2 \longrightarrow C_6H_6 + C_2H_6 \qquad \Delta H_{873K} = -41.8\text{kJ/mol}$

(4) $C_8H_{10} \longrightarrow 8C + 5H_2 \qquad \Delta H_{873K} = -1.72\text{kJ/mol}$

乙苯脱氢反应是一个吸热、分子数增多并需要催化剂的复杂过程。

由于反应是吸热反应，随着反应温度的升高，脱氢反应加快，苯乙烯收率也迅速增加。反应温度过高，脱氢反应加快，但苯乙烯收率增加变慢，即副反应速率大大加快，所以反应温度一般控制在 $550 \sim 620℃$ 范围内。

反应 (1)、(2) 是两个主要的平行副反应，这两个副反应的平衡常数大于乙苯脱氢生成苯乙烯的平衡常数，因此，如果从热力学分析看，乙苯脱氢生产苯乙烯的可能性确实不大，所以要采用高选择性的催化剂，提高主反应的反应速率。

常用的乙苯气相催化脱氢制取苯乙烯的催化剂种类很多，通常是以铁系催化剂（Fe_2O_3）为基础的多组分催化剂，助催化剂有钾系催化剂（K_2O）、铬系催化剂（Cr_2O_3）等。本实验采用铁系催化剂作为乙苯气相脱氢制苯乙烯反应的催化剂。

乙苯气相脱氢制苯乙烯是一个分子数增多、体积增大的过程，因而在减压条件下进行对生成苯乙烯有利。工业生产中，常压下常以水蒸气为稀释剂，一方面可以降低反应物乙苯的气相分压，有利于平衡转化，提高乙苯转化率；另一方面，水蒸气可以与沉积在催化剂表面的碳发生反应：

$$C + 2H_2O \longrightarrow CO_2 + 2H_2$$

从而使催化剂在反应过程中自动获得再生，延长了催化剂的使用寿命。本实验水蒸气的用量为乙苯：水蒸气＝1：（1.4～1.6）（体积比）。

乙苯脱氢反应体系有平行副反应和连串副反应，随着接触时间增加，副反应也增加，苯乙烯的选择性会下降，因此，根据催化剂的活性及反应温度选择适宜的空速。

三、实验装置和流程

实验流程如图 6-2 所示。

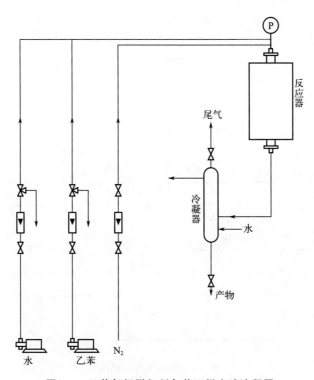

图 6-2　乙苯气相脱氢制备苯乙烯实验流程图

反应器为不锈钢反应器，反应管置于圆形电加热炉中。反应管中心有一热电偶套管，用以测量反应温度。反应管中预热段装填磁环，反应段装填催化剂。用加热炉的热电偶配温度显示控制仪表作为反应器温度测量调节系统。

由气相色谱仪分析反应产物中苯、甲苯、乙苯、苯乙烯含量。

原料乙苯采用分析纯，其含量大于 99％。

四、实验步骤

（1）反应条件

脱氢反应温度 550～620℃，水：乙苯＝1.5：1（体积）。

（2）实验步骤

① 了解并熟悉实验装置及流程，弄清物料走向、加料及取样方法。

② 打开氮气钢瓶和冷凝装置，接通电源，使反应器逐步升温至预定的温度。

③ 打开乙苯旁通阀，校正乙苯的流量。

④ 当反应温度达 300℃左右，打开水泵。

⑤ 当反应温度达 550℃左右，打开乙苯泵，查看反应温度变化，并稳定一段时间。

⑥ 当反应温度稳定后，打开取样阀，取出废液。

⑦ 关闭取样阀，开始计时，15～20 min 后取出产品。

⑧ 用分液漏斗分去水层，称得上层烃液质量。

⑨ 用气相色谱仪分析烃液组成，得到烃液各组分的含量，可计算得到各组分的质量。

⑩ 改变反应条件，重复上述实验过程。

⑪ 反应结束后，关闭乙苯泵。

⑫ 当反应温度降至 350℃以下，关闭水泵。

⑬ 当反应温度降至 100℃以下，关闭实验装置电源和氮气钢瓶。

五、实验数据记录

实验过程中，应将实验数据及时、准确地记录下来，记录表格如表 6-3、表 6-4 所示。

表 6-3　实验数据记录

反应时间 /min	反应温度 /℃	乙苯加入量				粗产品 （烃层液） /g
		进料流量 /（mL/h）	进料时间 /s	进料泵流量 相对校正因子	乙苯质量/g	

表 6-4　烃层液分析结果

反应温度 /℃	烃层液质量 /g	苯		甲苯		乙苯		苯乙烯	
		含量/%	质量/g	含量/%	质量/g	含量/%	质量/g	含量/%	质量/g

六、实验数据处理

1. 数据处理步骤

根据实验记录计算出乙苯的转化率、苯乙烯选择性及苯乙烯产率。

乙苯转化率＝（乙苯加入量－产物中乙苯量）/乙苯加入量

苯乙烯选择性＝生成苯乙烯量/已反应的乙苯量

苯乙烯产率＝生成苯乙烯量/乙苯加入量

2. 计算示例

反应时间 /min	反应温度 /℃	乙苯加入量				粗产品（烃层液） /g
		进料流量 /（mL/h）	进料时间 /s	进料泵流量相对校正因子	乙苯质量/g	
15′25″	572	40	925	1.31	11.67	11.25

反应温度 /℃	烃层液质量 /g	苯		甲苯		乙苯		苯乙烯	
		含量/%	质量/g	含量/%	质量/g	含量/%	质量/g	含量/%	质量/g
572	11.25	0.15	0.02	0.91	0.10	81.49	9.17	17.45	1.96

加入乙苯量：$925 \times 40 \times 1.31 \times 0.8671/3600 = 11.67$（g）
产物中乙苯量：$11.25 \times 0.8149 = 9.17$（g）
产物中苯乙烯量：$11.25 \times 0.1745 = 1.96$（g）
则

$$乙苯转化率 = (11.67 - 9.17)/11.67 = 21.42\%$$
$$苯乙烯选择性 = 1.96/(11.67 - 9.17) = 78.40\%$$
$$苯乙烯产率 = 1.96/11.67 = 16.80\%$$

同理，改变反应操作条件，得到不同实验结果。

七、实验结果分析和思考题

1. 实验结果分析

根据实验数据求出乙苯的转化率、苯乙烯选择性及苯乙烯收率，并讨论实验条件对乙苯转化率、苯乙烯产率和苯乙烯选择性的影响。

2. 思考题

① 为什么脱氢反应要在高温低压下进行？
② 提高转化率和产率有哪些措施？
③ 反应中为何要加入水蒸气？
④ 为什么要进行催化剂的再生？如何进行再生？
⑤ N_2 的作用有哪些？
⑥ 冷凝水温度的选择依据是什么？

八、注意事项

① 实验过程中称量要准确，烃、水分层要仔细操作。
② 实验过程中注意各个阀门要处于恰当的开或关的状态。
③ 反应器温度较高，勿触摸。
④ 实验中防止物料泄漏，保持室内良好通风。

九、知识拓展

苯乙烯是重要的有机化工原料。它作为重要的合成单体与其他烯烃单体发生共聚反应，可制备丁苯橡胶、聚苯乙烯树脂、丙烯腈-丁二烯-苯乙烯共聚物（ABS）树脂、离子交换树脂及不饱和聚酯树脂（图6-3）。此外还用于制药、染料行业，或制取农药乳化剂及选矿剂等。

聚苯乙烯树脂　　　　　　　　　　ABS树脂

图6-3　苯乙烯的生产用途

自1937年美国陶氏化学公司和德国巴斯夫公司同时实现乙苯脱氢制苯乙烯的工业化生产以来，苯乙烯已有80多年的工业化生产历史。

苯乙烯的主要生产方法为乙苯脱氢法和环氧丙烷共氧化法，前者约占苯乙烯生产能力的90％，乙苯催化脱氢制苯乙烯的工艺有孟山都/鲁姆斯法、巴斯夫法、Fina/Badger法、Cdf法和三菱油化/环球化学法。而共氧化法步骤多，流程长，又存在环氧丙烷的联产问题，因此国内外生产和研究重点多放在乙苯脱氢法上。

近几年，国内苯乙烯行业发展较快，截至2020年底，产能达12 Mt/a，2021年，产能进一步增加至13.7 Mt/a，大大缓解了往年需要从沙特、日本等国家进口的依赖问题。与此同时，2021年以来，国内苯乙烯走势整体呈上扬态势，年内涨幅60％以上。

随着炼化一体化项目的建设，苯乙烯行业在2022年将进入投产高峰期，将大力推动下游产品聚苯乙烯、ABS树脂等的扩能，推动石化产业的快速发展。

实验15　邻二甲苯气相氧化制取邻苯二甲酸酐

一、实验目的

① 了解气相催化氧化制取含氧有机化合物的原理和方法。
② 掌握气-固相催化反应的实验技术。
③ 认识催化作用在化学品合成中的重要意义。

二、实验原理

由于邻二甲苯侧链的易氧化特性，将邻二甲苯和空气组成的混合气体通过以五氧化二钒、二氧化钛为主的催化剂，在360℃以上发生氧化反应，生成主产品邻苯二甲酸酐（俗称苯酐）。同时，还会生成顺丁烯二酸酐（俗称顺酐）、邻甲基苯甲醛、苯甲酸等副产物。

主反应：

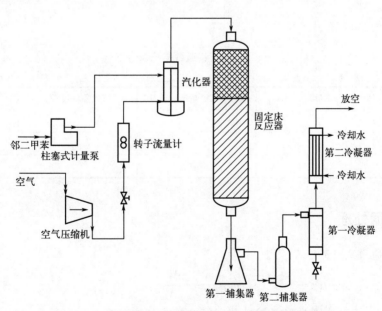

完全氧化反应(燃烧反应)：

反应历程：

三、实验装置和流程图

邻二甲苯的气相氧化制邻苯二甲酸酐的反应在管式固定床反应器内进行，固定床反应器上端（反应器高度的1/3）装填惰性刚玉球，起预热和混合原料气的作用，下端（反应器高度的2/3）装填催化剂，起氧化反应作用。实验流程如图6-4所示。

图6-4　邻二甲苯气相氧化制取邻苯二甲酸酐实验流程图

邻二甲苯经柱塞式计量泵计量后由汽化器上端进入，从空气压缩机出来的空气经转子流量计计量后从汽化器下端进入，在汽化器内被汽化的邻二甲苯由空气带出，从反应器上方进入固定床反应器。混合气体先经过反应器的预热段预热，然后通过催化剂床层进行氧化反应。反应气体从反应器下端出来经过第一捕集器冷却成白色针状晶体并加以收集，余气经过第二捕集器再次冷凝收集产品。尾气经过第一冷凝器、第二冷凝器后排空。

四、实验步骤

① 称取苯酐第一捕集器及第二捕集器的空瓶质量。

② 安装捕集器，检查各部分仪器连接是否正确，注意各橡皮管和橡皮塞的连接处是否塞紧，压紧以防漏气。

③ 打开冷凝器冷凝水阀，启动无油空压机，调节出口压力为 0.1～0.2 MPa，调节转子流量计，观察气流是否畅通，接通装置电源，对预热段和反应段进行加热，设定预热段温度为 180℃，设定反应段温度为 360℃。

④ 当预热段和反应段加热到所需要的温度后，记录邻二甲苯进料计量管的刻度读数 V_1，开启柱塞式计量泵，按照设定流量（10～15mL/h）连续进邻二甲苯（邻二甲苯在空气中的浓度为 40～60g/m^3）。反应段床层热点温度控制为（430±20）℃。

⑤ 反应 1.5h，实验结束，关闭柱塞式计量泵电源，停止邻二甲苯进料，继续用空气吹扫反应器床层 5～10min，记录邻二甲苯进料计量管的刻度 V_2。

⑥ 待温度下降至 360℃左右，取下第一和第二捕集器，称其质量，分别得出苯酐质量 W_1 和 W_2。

⑦ 关闭装置电源，停止加热，待反应器温度下降至 250℃后，关闭无油空压机，停止空气进料，关闭冷凝水。

五、实验数据记录

间隔 5min 记录数据于表 6-5 中。

表 6-5　实验数据记录

$W_1 = $＿＿＿＿＿＿g, $W_2 = $＿＿＿＿＿＿g, $V_1 = $＿＿＿＿＿＿mL, $V_2 = $＿＿＿＿＿＿mL

时间/min	空气流量/（L/h）	邻二甲苯流量/（mL/h）	汽化器温度/℃	反应温度/℃

六、实验数据处理

粗品收率通过式（6-4）计算。

$$\eta = \frac{W_1 + W_2}{\rho(V_1 - V_2)} \tag{6-4}$$

式中，W_1 和 W_2 分别为第一捕集器和第二捕集器中的产品质量，g；$V_1 - V_2$ 为邻二甲苯的进料体积，mL；ρ 为邻二甲苯的密度，取 0.88g/mL。

七、实验结果分析和思考题

1. 实验结果分析

求出产品收率，分析并讨论影响收率的因素。

2. 思考题

① 反应热点温度对苯酐收率的影响？

② 影响反应热点温度的因素有哪些？如何才能使反应能够稳定地进行？

③ 反应气管路堵塞对实验造成的后果如何？

八、注意事项

① 反应过程中，仔细观察反应现象，力争在 15～20min 内稳定催化剂床层温度，防止催化剂发生飞温，防止反应系统阻塞或泄漏。

② 反应过程中要密切注视各部位的温度控制是否正常，流量是否稳定，每隔 5min 按要求记录数据。

九、知识拓展

邻苯二甲酸酐，俗称苯酐，是十大有机化工原料之一，主要生产增塑剂、醇酸树脂和不饱和聚酯树脂（图 6-5）。其中增塑剂主要用于聚氯乙烯（PVC）化合物，占苯酐消费的 50％以上；醇酸树脂广泛用于塑料型涂料及农业覆盖膜的生产，约占苯酐消费的 25％；不饱和聚酯树脂主要用于建筑和运输业，约占苯酐消费的 15％；其余消费主要用于燃料和专用化学品。

PVC   农业用覆盖膜

图 6-5　邻苯二甲酸酐的用途

苯酐生产的工艺按照原料的不同主要包括两种，即邻二甲苯法和萘法。随着石化工业的发展，邻二甲苯法在环保、产出率和原料供应等多个方面都优于萘法；但萘法较邻二甲苯法成本具备一定的优势。随着国家对房地产市场的调控和环保方面的要求，环保型减水剂替代了萘系减水剂，造成工业萘价格大幅度下跌（70％的工业萘曾用于生产减水剂），使得今后苯酐有望重回双工艺并存的局面。

20 世纪 80 年代，巴斯夫公司和 DWE 公司合作设计，实现了苯酐生产的设备大型化；我国在 1988 年，从 DAVY-ZIMMER 公司引进技术和关键设备，由石油化学工业部第六设计院负责设计的哈尔滨石油化工厂年产 2 万 t/a 苯酐装置试车并投产，系国内第一套引进的大型苯酐装置。经过几十年的发展，我国的生产能力达到 300 万 t/a，年产量达 160 万 t/a，已成为世界上最大的苯酐生产国，占据全球将近一半的份额。

然而，我国苯酐行业产能扩展速度远远超过市场需求，导致开工率和产品市场价格保持低位运行，因此催化剂的高收率、高负荷和高选择性及保证收率和负荷的前提下改进和开发生产工艺、装置和"三废"处理技术，降低能耗和物耗，实现绿色清洁化生产是未来的发展趋势，更需要化工专业学子勇挑重担，为苯酐生产的技术升级献计献策。

实验 16　萃取精馏制无水乙醇实验

一、实验目的

① 熟悉萃取精馏的原理和萃取精馏装置。

② 掌握萃取精馏塔的操作方法和乙醇-水混合物的气相色谱分析法。

③ 利用乙二醇为分离剂进行萃取精馏制取无水乙醇。

④ 初步掌握用计算机采集和控制精馏操作参数的方法。

二、实验原理

精馏是化工过程中重要的分离单元操作，其基本原理是根据被分离混合物中各组分相对挥发度（或沸点）的差异，通过精馏塔经多次汽化和多次冷凝将其分离。在精馏塔底获得沸点较高（挥发度较小）的产品，在精馏塔顶获得沸点较低（挥发度较大）的产品。但实际生产中也常遇到各组分沸点相差很小，或者具有恒沸点的混合物，用普通精馏的方法难以完全分离。此时需采用其他方法，如恒沸精馏、萃取精馏、溶盐精馏或加盐萃取精馏等。

萃取精馏是在被分离的混合物中加入某种添加剂，以增大原混合物中两组分间的相对挥发度（添加剂不与混合物中任一组分形成恒沸物），从而使混合物的分离变得很容易。所加入的添加剂为挥发度很小的溶剂（萃取剂），其沸点高于原溶液中各组分的沸点。

由于萃取精馏操作条件范围比较宽，溶剂的浓度为热量衡算和物料衡算所控制，而不是为恒沸点所控制，溶剂在塔内也不需要挥发，故热量消耗较恒沸精馏小，在工业上应用也更为广泛。

乙醇-水能形成恒沸物（常压下，恒沸物乙醇质量分数 95.57%，恒沸点 78.15℃），用普通精馏的方法难以完全分离。本实验利用乙二醇为分离剂，通过萃取精馏的方法分离乙醇-水混合物制取无水乙醇。

根据化工热力学理论，压力较低时，原溶液组分 1（轻组分）和 2（重组分）的相对挥发度可表示为

$$\alpha_{12} = \frac{p_1^s \gamma_1}{p_2^s \gamma_2} \tag{6-5}$$

加入溶剂 S 后，组分 1 和 2 的相对挥发度 $(\alpha_{12})_S$ 则为

$$(\alpha_{12})_S = \left(\frac{p_1^s}{p_2^s}\right)_{T,S} \left(\frac{\gamma_1}{\gamma_2}\right)_S \tag{6-6}$$

式中　$\left(\dfrac{p_1^s}{p_2^s}\right)_{T,S}$——加入溶剂 S 后，三元混合物泡点下，组分 1 和 2 的饱和蒸气压之比；

$\left(\dfrac{\gamma_1}{\gamma_2}\right)_S$——加入溶剂 S 后，组分 1 和 2 的活度系数之比。

一般把 $(\alpha_{12})_S / \alpha_{12}$ 叫作溶剂 S 的选择性。因此，萃取剂的选择性是指溶剂改变原有组分间相对挥发度的能力。$(\alpha_{12})_S / \alpha_{12}$ 越大，选择性越好。

三、实验装置和流程

1. 实验装置

(1) 间歇精馏塔（塔1）

间歇精馏塔流程图见图6-6。

其主要部分同萃取精馏塔，但其构件较简单，塔身只有一段，填料层高1200 mm，无塔中进料口和塔中测温口，可用于溶剂回收。

(2) 萃取精馏塔（塔2）

萃取精馏塔见图6-7。

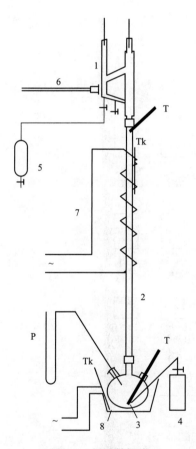

图6-6　间歇精馏塔

1—冷凝器-回流头；2—精馏柱；3—蒸馏瓶；

4—塔底产物接收瓶；5—塔顶产物接收瓶；

6—电磁铁-时间继电器；7—电热保温带；8—电热包；

T—温度计；P—压力计；～—交流电源；Tk—控温温度计

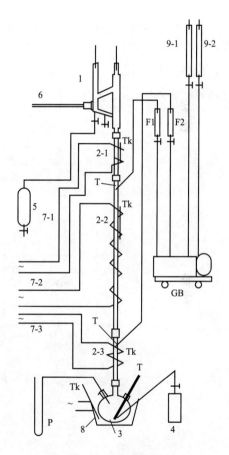

图6-7　萃取精馏塔

1—冷凝器-回流头；2-1—溶剂回收段；2-2—精馏段；

2-3—提馏段；3—蒸馏瓶；4—塔底产物接收瓶；

5—塔顶产物接收瓶；6—电磁铁-时间继电器；

7—电热保温带；8—电热包；9-1—加料管（原料）；

9-2—加料管（溶剂）；T—温度计；P—压力计；

～—交流电源；F—流量计；GB—计量泵；Tk—控温温度计

图 6-7 上部为冷凝器-回流头，回流量由回流比调节器控制。回流比调节器由电磁摆针、电磁铁和时间继电器构成。冷凝器通冷却水冷却。塔顶产物进入塔顶产物接收瓶。

塔身由 $\varphi27mm\times1.5mm$ 耐热玻璃管制成，内装填 $\varphi2mm$-3θ 网环。塔分三段：上部为溶剂回收段（填料层高 100mm，教学实验可不装），中部为精馏段（填料层高 700～800mm），下部为提馏段（填料层高 300～400mm）。精馏段上端配有测温口和溶剂加料口，下端也配有测温口及原料加料口。各塔节外套有 $\varphi34mm\times1.5mm$ 玻璃套管，其外缠电热保温带保温。溶剂由溶剂加料管加入，原料由原料加料管加入，二者经计量泵，再分别经流量计 F1 和 F2 连续进入塔内。

塔釜为 500mL 四口瓶，主口接精馏柱，三个侧口分别接温度计 T、压力计 P 和塔底产物接收瓶。塔釜用电热包加热。电热包和电热保温带加热量由数显温控仪配控温温度计控制。

本装置配有计算机数据采集和控制系统，可显示塔顶、塔中和塔釜温度及温度随时间变化曲线，可自动调节和控制电热包和电热保温带加热量。

(3) 仪表控制面板

其排列如图 6-8 所示。

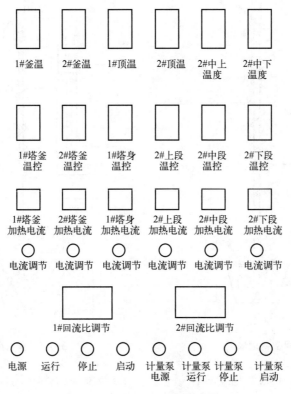

图 6-8　精馏装置仪表控制面板

图 6-8 中，最上一排为 XMT-3000 数字温度显示仪，显示各测量点温度；第二排 XMT-3000 为数字显示控温仪，用于控制电热包和塔身保温加热量；第三排为电流表，第四排为电流调节电位器，用于显示和调节加热电流；第五排为回流比调节器；最下一排为电源开关。

仪表柜右侧配有转子流量计 F1 和 F2，可分别显示和控制塔 2 溶剂和原料的进料量。

2. 实验试剂

乙醇（化学纯，纯度 95％）；乙二醇（化学纯，水含量＜0.3％）；蒸馏水。

3. 实验设备安装及调试

(1) 安装（教学实验由教师预先准备好）

① 向精馏柱装填少量瓷环垫底，再装入 $\varphi 2mm\text{-}3\theta$ 网环填料，注意填料要紧密堆积。给玻璃套管缠电热带（每段套管缠 1 根）。

② 按图 6-6 和图 6-7 连接冷凝器-回流头、精馏塔身和塔釜，插入温度计套管、压力计套管和进出料管。注意：玻璃件磨口处要均匀涂上高真空硅脂，以保证磨口连接润滑和密封（磨口处要定期补涂真空硅脂，长期不用应将磨口接头松开，防止磨口结死！）。向温度计套管和压力计套管内加入液体石蜡（压力计管也可加入水银）。连接进料管、计量泵、流量计和塔身，连接冷凝器上下水管，连接塔顶、塔釜出料管，连接压力计管。连接塔釜加热电路、塔身保温电路、热电偶测温电路和回流比调节电路。连接计算机系统。

(2) 调试

① 检查系统的密封性（可用减压法），检查精馏塔塔身是否垂直。
② 检查各电路运行是否正常。
③ 校核温度计、压力计和流量计，校核分析方法（本科生和研究生论文实验做）。
④ 检查计算机系统（本科生和研究生论文实验做）。
⑤ 测定精馏塔理论塔板数（本科生和研究生论文实验做）。

四、实验步骤

1. 气相色谱仪

开启气相色谱仪，调节载气流量、汽化温度、柱温度和热导检测器温度。调节桥流。使之稳定，待产品分析用（气相色谱仪使用方法见 8.8）。

如实验条件许可，也可用卡尔费休法分析。

2. 萃取精馏塔（塔 2）

① 向塔釜内加入少许碎瓷环（以防止釜液暴沸）及 80～120mL 60％～95％乙醇，取样分析。向加料管 9-1 和 9-2 分别加入 60％～95％乙醇和溶剂乙二醇。向塔顶冷凝器通入冷却水。

② 升温。合上总电源开关，温度显示仪有数值显示，观察各温度测点指示是否正常。开启仪表电源开关，塔釜加热控制和各保温段加热控制 XMT-3000 仪表应有显示。按动仪表上参数给定键，仪表显示 Sn，通过增减键调节釜加热温度设定值和各保温段加热温度设定值。根据设定温度高低，用电流调节旋钮，调节电流。

升温操作注意：a. 釜热控温仪表的设定温度要高于塔釜物料泡点 50～80℃，使传热有足够的温差。其值可根据实验的要求而调整。如蒸发量小，则应增大温差；蒸发量大，则应减小温差，以免造成液泛。b. 升温前，再次检查冷凝器-塔头是否通入冷却水！

当釜液开始沸腾时，根据塔的操作情况调节各保温段加热温度的设定值，不能过大或过小，否则影响精馏塔操作的稳定性。本实验各保温段加热温度的设定值大约为 80℃，各保温段加热电流大约是 0.3mA（回收段）、0.9mA（精馏段）和 0.5mA（提馏段）。

③ 建立精馏塔的操作平衡。升温后注意观察塔釜、塔中、塔顶温度和釜压力的变化。塔顶出现回流液时，保持全回流 30min 左右，观察温度和回流量。釜压力过大时，注意检查是否出现液泛。当塔顶温度稳定，回流液量稳定时，可取少量塔顶产品，分析其组成。同时取少量塔釜料，分析其组成。根据全回流时的塔顶和塔釜组成，可估算全塔理论塔板数。

④ 当塔顶产物组成稳定，且显示精馏塔的分离效果良好时，可开启回流比调节器，给定一回流比。维持少量出料。同时开启进料流量计，加入原料。进料量和出料量可由物料衡算计算，保持乙醇的平衡。稳定情况下，回流比控制在 2∶4。

⑤ 开启溶剂流量计，加入溶剂乙二醇，进行萃取精馏操作。调节溶剂与原料体积比（溶剂比）为（2～4）∶1。稳定约 20min，取样分析。塔顶产物中水含量应小于 2%～3%。

⑥ 实验中应及时记录温度、压力、流量和回流比数据。注意观察塔釜液位，如液位显著上升，应及时抽出釜液，保持釜液液位稳定。

⑦ 如时间许可，调节回流比和溶剂比进行不同条件的精馏实验。

⑧ 实验结束，应停止加热，切断电源。关闭冷却水。如实验装置长时间不用，应将各磨口接头松开，防止磨口结死！关闭气相色谱仪。

3. 间歇精馏塔（塔 1）

其操作与萃取精馏塔相同，但较萃取精馏塔简单（同萃取精馏塔操作步骤的①～③和⑦），不需塔中溶剂和原料进料操作。釜液可用 20% 乙醇的水溶液，其加入量为塔釜容积的 2/3 左右。控制一定的回流量或回流比，当精馏塔达到平衡时，可同时由塔顶和塔釜取样分析。计算精馏塔的理论塔板数。

五、实验数据记录

1. 间歇操作记录

将间歇精馏塔操作数据记录于表 6-6 中。

表 6-6 间歇精馏塔实验数据表

实验日期：_____ 室温：_____ 大气压：_____

塔釜加料量＝_____ g 原料醇含量＝_____ %

| 时间 | 釜加热包 | | 塔身保温 | | 操作温度/℃ | | 釜压 | 回流比 | 塔顶产物组成/% | 塔釜产物组成/% | 备注 |
	温度/℃	电流/mA	电流/mA	温度/℃	塔釜	塔顶					

2. 萃取精馏塔操作记录

将萃取精馏塔实验数据记录于表 6-7 中。

表 6-7　萃取精馏塔实验数据表

实验日期：＿＿＿＿＿　室温：＿＿＿＿＿　大气压：＿＿＿＿＿

塔釜加料量＝＿＿＿＿＿g　原料中醇含量＝＿＿＿＿＿％　乙二醇中水含量＝＿＿＿＿＿％

时间	釜加热包		塔身保温						操作温度/℃			釜压	进料量/(mL/min)		回流比	溶剂比	塔顶产物组成/%	塔釜产物组成/%	备注
	温度/℃	电流/mA	上		中		下		塔釜	塔中	塔顶		原料	溶剂					
			温度/℃	电流/mA	温度/℃	电流/mA	温度/℃	电流/mA											

六、实验数据处理

1. 估算精馏塔理论塔板数

利用芬斯克方程估算理论塔板数（全回流条件下理论塔板数）：

$$N_{min} = \ln\left[\left(\frac{x_D}{1-x_D}\right)\left(\frac{1-x_W}{x_W}\right)\right]/\ln\alpha \tag{6-7}$$

式中，$\alpha = (\alpha_顶 \alpha_底)^{0.5} \approx 1.77$。

2. 比较产物

比较普通精馏和萃取精馏塔顶产物组成。

3. 估算萃取精馏乙醇回收率

$$乙醇回收率 = \frac{塔顶产物醇含量 \times 塔顶产物质量}{原来醇含量 \times 原料进料质量 + 塔釜醇的减少量} \tag{6-8}$$

七、实验结果分析和思考题

1. 实验结果分析

① 给出萃取精馏塔全塔理论塔板数。

② 给出萃取精馏实验条件。

③ 比较普通精馏和萃取精馏塔顶产物组成，并说明为什么萃取精馏塔顶产物醇含量高。

④ 实验中为提高乙醇产品的纯度，降低水含量，应注意哪些问题？

⑤ 分析影响乙醇的回收率的因素。

⑥ 对实验装置和操作有何改进意见？

2. 思考题

① 萃取精馏中溶剂起什么作用？如何选择溶剂？

② 回流比和溶剂比的意义是什么？它们对塔顶产物组成有何影响？

③ 塔顶产品采出量如何确定？

八、注意事项

① 塔釜加热量应适当。不可过大，易引起液泛；也不可过小，蒸发量过小，精馏塔也难以正常操作。

② 塔身保温要维持适当。过大会引起塔壁过热，物料易二次汽化；过小，则塔中增加物料冷凝量，增大内回流，精馏塔也难以正常操作。

③ 塔顶产品量取决于塔的分离效果（理论塔板数、回流比和溶剂比）及物料衡算结果。不能任意提高。

④ 加热控制宜微量调整，操作要认真细心，平衡时间应充分。

实验 17 离子交换制备钛酸钾晶须实验

一、实验目的

① 了解钛酸钾晶须的优异性能和广泛用途，了解限制钛酸钾晶须大规模生产的因素。

② 了解 pH 值对四钛酸钾离子交换过程的影响。

③ 掌握以四钛酸钾晶须为原料通过离子交换获得六钛酸钾晶须的方法。

④ 掌握恒温水浴、pH 计等仪器的使用方法。

二、实验原理

四钛酸钾晶须（$K_2Ti_4O_9$）是一种碱金属钛酸盐，因为其层状结构有着良好的离子交换能力，可以作为离子交换材料。$K_2Ti_4O_9$ 在酸性介质中向 $H_2Ti_4O_9 \cdot 1.2H_2O$ 进行转变的离子交换过程中，出现多种中间产物，这些中间产物经过热处理可以获得多种材料如 TiO_2（B），以及具有稳定结构的 TiO_2、$K_2Ti_6O_{13}$ 和 $K_2Ti_8O_{17}$ 等材料。这些材料在复合材料增强、光催化、电池储能领域应用广泛。其中，$K_2Ti_6O_{13}$ 晶须由于具有优异的力学性能、摩擦性能，其作为树脂刹车片、活塞环的填充材料的需求量逐年攀升。

传统工业上通常采用盐酸、硫酸对高长径比的 $K_2Ti_4O_9$ 晶须进行离子交换，脱出部分钾，再通过煅烧获得形貌无损的 $K_2Ti_6O_{13}$ 晶须。该过程产生大量含多种杂盐离子的废水，处理成本高。Cl^- 等杂质离子存在于钛酸钾晶须中，极大影响钛酸钾的应用。开发绿色酸性介质是一项非常具有研究意义的课题。

$K_2Ti_4O_9$ 离子交换过程中，$K_2Ti_4O_9$ 分子层间的 K^+ 逐步被 H_3O^+ 取代，出现多种水合物中间体 $K_{2-y}H_yTi_4O_9 \cdot nH_2O$（$0 < y \leqslant 2$），水合中间体的钾含量决定后续化合物的化学组成。然而离子交换过程影响因素众多，如 pH、水量、反应初始物表面 K_2O 带入量、水合介质（各种酸或水）、酸的浓度等。研究表明，以上影响因素均可以归结为 pH 和溶液中 K^+ 浓度的交互影响。$K_2Ti_4O_9$ 离子交换反应过程中水合中间体的化学组成可归结为 pH 的影响。当 pH 的调节区间在 9.2~9.8 之间，可得到 $K_2Ti_6O_{13}$ 晶须的水合中间体。

本实验以 CO_2 为绿色酸性介质，通过恒温槽使 $K_2Ti_4O_9$ 悬浮液温度恒定，调节悬浮液平衡 pH，实现对水合产物 K^+ 浓度的定量调控，再经过煅烧获得高长径比（20~40）、纯相的 $K_2Ti_6O_{13}$ 晶须。新型绿色酸性介质的开发可解决盐酸等带来的废液处理等问题，极大降低生产的安全风险和成本。

三、实验装置和试剂

主要仪器有：电子天平一台，恒温槽一台，电磁搅拌器一台，pH 计一台，抽滤泵一台，光学显微镜一台。

常规玻璃仪器：夹套烧杯、烧杯。

实验试剂：四钛酸钾晶须（固体）、CO_2（气体）、蒸馏水。

四、实验步骤

① 在夹套烧杯中称量 5 g 四钛酸钾晶须，然后加入 50 g 蒸馏水，制成四钛酸钾水悬浮液，四钛酸钾和水的质量比为 1：10。

② 在夹套烧杯中加入转子，放到电磁搅拌器上进行搅拌，转子转速为 900r/min。

③ 通过低温恒温槽对夹套烧杯进行恒温，设置恒温槽温度为 30℃，恒温时间 2h。

④ 将 pH 计测量头放入夹套烧杯内悬浮液的中上部，实时测量 pH 值，防止转子损伤 pH 计电极。

⑤ 将 CO_2 气体缓慢通入夹套烧杯底部，控制 CO_2 气体流速为 50mL/min，每隔 2min 记录一次悬浮液 pH 值，分别记录 pH 值降到各阶段所用的时间。

⑥ 悬浮液 pH 值降到 9 时，停止 CO_2 气体输入，待悬浮液 pH 值升高至 9.1 时，再次通入 CO_2 气体，pH 值降到 9 时停止 CO_2 气体输入，如此反复，使悬浮液 pH 值稳定在 9，稳定时间 2h。

⑦ 将悬浮液进行抽滤，抽滤所得固体放入高温炉中烘烤 2h，设置高温炉温度为 80℃，升温速率为 5℃/min。

⑧ 将烧结产物溶于水中，进行超声振荡，最后用电子显微镜进行表征。

五、实验数据记录

将 30℃ 恒温下悬浮液通入 CO_2 气体后的 pH 值变化情况记录于表 6-8 中。

表 6-8　通入 CO₂ 后悬浮液 pH 值变化数据

实验日期：_____　室温：_____℃　大气压_____kPa

序号	时间/min	pH 值	序号	时间/min	pH 值
1			9		
2			10		
3			11		
4			12		
5			13		
6			14		
7			15		
8					

六、实验数据处理

1. 按表 6-8 中数据作出悬浮液 pH 值随时间变化的折线图。

2. 计算示例

实验日期：__2023.02.24__　室温：__10__℃　大气压__101.1__kPa

序号	时间/min	pH 值	序号	时间/min	pH 值
1	0	12.885	9	10	10.048
2	2	12.197	10	11	9.942
3	4	11.249	11	12	9.790
4	5	10.977	12	13	9.624
5	6	10.734	13	14	9.425
6	7	10.552	14	15	9.255
7	8	10.373	15	16	9.042
8	9	10.048			

根据以上数据绘制悬浮液 pH 值随时间变化的曲线，如下图所示。

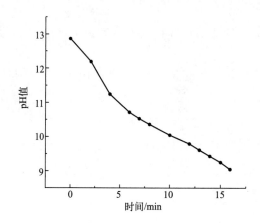

七、实验结果分析和思考题

1. 实验结果分析

给出通入 CO_2 后悬浮液 pH 值随时间变化曲线，并进行讨论。

2. 思考题

① 刚配好的四钛酸钾悬浮液为什么 pH 值会升高？
② 通入 CO_2 气体后为什么悬浮液 pH 值会下降？

八、注意事项

① 夹套烧杯连接恒温槽时应注意水的流向下进上出，实验结束时应先拔掉上方橡胶管，让夹套烧杯中的水通过下方橡胶管流回恒温槽。
② 利用 pH 计测 pH 值之前，应先对 pH 计进行校准。
③ 打开二氧化碳气罐时应缓慢调节开度，避免因打开过猛二氧化碳管路断开。

九、参考文献

［1］Liu C，Wu N，Wang J，et al. Determination of the ion exchange process of $K_2Ti_4O_9$ fibers at constant pH and modeling with statistical rate theory. RSC Advances，2015，5（90）：73474-73480.

［2］Chen S，Zhu Y，Li W，et al. Synthesis，features，and applications of mesoporous titania with TiO_2（B）. Chinese Journal of Catalysis，2010，31（6）：605-614.

［3］Li W，Liu C，Zhou Y，et al. Enhanced photocatalytic activity in anatase/TiO_2（B）core-shell nanofiber. Journal of Physical Chemistry C，2008，112（51）：20539-20545.

［4］He M，Feng X，Lu X H，et al. Application of an ion-exchange model to the synthesis of fibrous titanate derivatives. Journal of Chemical Engineering of Japan，2003，36（10）：1259-1262.

实验 18　制药污泥碱催化湿式氧化实验

一、实验目的

① 了解碱催化湿式氧化技术，了解制药污泥安全处置的具体操作流程。
② 确定湿式氧化影响制药污泥化学需氧量（COD）、总氮、总磷的因素。
③ 掌握气瓶、真空泵、阀门、反应釜、快速检测测试包的使用方法。

二、实验原理

湿式氧化是在高温（150～350℃）、高压（5～20 MPa）的操作条件下，在液相中用空气或氧气作为氧化剂，氧化水中呈溶解态或悬浮态的有机物或还原态的无机物的一种处理方法，最终产物是 CO_2 和水。湿式氧化技术具有应用范围广、处理效率高、无二次污染、可回收有用物料等优点，是目前公认的处理难降解有机污染物的先进氧化技术。

三、实验装置和试剂

实验装置：机械搅拌反应釜、抽滤装置、布氏漏斗。
实验试剂：COD 检测包、总氮检测包、总磷检测包、氢氧化钠、工业氧气。

四、实验步骤

1. 碱催化湿式氧化实验

① 投料前应先检查反应釜是否有污染，将高压釜内壁、搅拌、冷却盘管、温度探头套管以及接合面等用乙醇进行清洗，再用蒸馏水冲洗，冲洗后要再用棉花或绸布蘸乙醇擦净，防止物料交叉污染。使用前必须检查各阀门是否畅通，特别是压力表及安全阀/爆破阀的管口。

② 对于进气导管，还需要特别注意有无堵塞现象，如有物料污染或堵塞，应将导管和进气支管从釜盖上拆卸，清洗干净后再安装上去。试压完毕，确认密封性能良好后方可进行投料操作。往干净、干燥的高压釜内加入反应物料和溶剂，然后再安装釜盖，装盖时应注意将凸出部分对准凹槽放入，而后再缓慢、平稳地将釜盖与釜体合上，盖好以后，应检查反应釜上下接口处是否对齐，轻轻旋动釜盖，确认釜盖已经放平、密封环接触良好后方可拧紧螺丝。上螺丝时一定要先用手拧紧，再用扳手成十字形对称地上，以避免受力不均。螺丝不要一次扭到位，分多次拧对角螺丝，逐步加力对称上紧。将上述污泥原液倒入反应釜中，使用专用扳手将反应釜上盖密封上紧。

③ 检查各阀门（加料口、釜盖排气阀、进气阀等）是否旋紧（吃住劲即可，不要过于用力），检查控制器的搅拌开关、加热开关，确保热电偶已经插入釜盖并能正常显示温度变化后，开启控制箱电源及其显示开关。将搅拌轴连接冷却水打开后（磁力搅拌高压釜无此步骤），再开启搅拌开关，通过调速器控制搅拌转速，开始搅拌。

④ 旋开二级减压阀至所需氧气压力指数，打开气体阀门，通入氧气。检测各反应阀门及釜体无气体泄漏后，设置温度、升温曲线、转速、时间参数，点击开始按键，开始碱催化湿式氧化反应。

⑤ 反应开始后要密切关注反应中各参数（压力、温度、转速）的变化，尤其是压力的变化，一旦发现异常，应马上关闭加热开关。如温度过高，可以通过冷却盘管接冷却水降温处理或放置其自然冷却。

⑥ 反应完毕，自然降温或通过冷却盘管通冷却水降温。反应过程中禁止速冷速热，以防过大的温度应力使釜体产生裂纹。在反应结束后，先进行冷却降温，可通水冷却（放热反应）或空冷，冷却至 40℃ 以下时，打开反应釜排气阀，并将气体排放罩开关打开，将排气孔放置在气体排放罩中以便残余气体排出。缓慢将压力完全释放后，用扳手成十字形对称地松开主螺母，缓慢、平稳地将釜体与釜盖分离，开盖过程中应特别注意保护密封面，均匀地将釜盖抬起，避免釜盖和釜体的密封环遭受碰撞而导致损坏。将釜体取出，倒出物料，并用溶剂将釜内物料全部洗出，再用乙醇、蒸馏水依次洗涤釜体、釜盖和取样管道，用软布或纸

将密封锥面擦拭干净。反应釜应在出料完毕后立刻进行清洗，避免因溶剂挥发而导致清洗困难。清洗完毕，将釜体和釜盖置于通风处晾干。每次操作完毕，应清除釜体、釜盖上的残留物。高压釜上所有密封面，应经常清洗，并保持干燥，不允许用硬物或表面粗糙的软物进行清洗。

2. 污泥 COD、总氮、总磷测试

① 滤膜正确放在滤膜过滤器的托盘上，加盖配套的漏斗，固定后，用蒸馏水湿润滤膜，并不断吸滤。

② 量取混合均匀的试样抽吸过滤，使水分全部通过滤膜。再以每次 10mL 蒸馏水洗涤 3 次，继续抽滤，除去痕量水分。停止抽滤后，小心取出滤液。

③ 打开试剂管，用取样器取水样至试剂管虚线处。

④ 塞紧试剂管盖，摇匀使试剂完全溶解。

⑤ 溶解之后，将试剂管置于试管架上，静待 4min。

⑥ 将试剂管置于比色卡的空白处与标准色阶目视比色，与管中溶液色调相同的色阶即水中 COD（mg/L）、总氮（mg/L）、总磷（mg/L）。

五、实验数据记录

将原始实验数据记录于表 6-9 中。

表 6-9　实验数据记录表

实验编号	反应时间 t/h	反应温度 T/℃	COD/（mg/L）	总氮/（mg/L）	总磷/（mg/L）

六、实验数据处理

(1) COD 去除率

$$w = (C_2 - C_1) / C_1 \tag{6-9}$$

式中　w——COD 去除率；

C_2——碱催化湿式氧化后污泥滤液的 COD，mg/L；

C_1——碱催化湿式氧化前污泥滤液的 COD，mg/L。

(2) 总氮去除率

$$w_N = (N_2 - N_1) / C_1 \tag{6-10}$$

式中　N_2——碱催化湿式氧化后污泥滤液的总氮，mg/L；

N_1——碱催化湿式氧化前污泥滤液的总氮，mg/L。

(3) 总磷去除率

$$w_P = (P_2 - P_1) / C_1 \tag{6-11}$$

式中　P_2——碱催化湿式氧化后污泥滤液的总磷，mg/L；

　　　P_1——碱催化湿式氧化前污泥滤液的总磷，mg/L。

七、实验结果分析和思考题

1. 实验结果分析

① 根据反应条件不同，利用 COD、总氮、总磷去除率评价碱催化湿式氧化反应对制药污泥的有机物去除情况。

② 分析实验测量误差及引起误差的原因。

③ 对实验装置及其操作提出改进建议。

④ 有哪些操作条件会影响有机污染物的脱除效率？

2. 思考题

① 实验中怎样确定污泥污染物含量？

② 实验中除了温度、氧气压力、蒸煮时间还有哪些因素影响制药污泥污染物含量？

③ 利用知网、维普、万方等文献检索网站检索其他制药污泥的治理方法。

八、注意事项

① 高压釜使用前应进行密封性检测试验，试验介质可用空气、氮气，但最好是惰性气体，将氮气钢瓶与高压釜进气口连接，拧紧接头。开启氮气瓶总阀及分压阀，先将分压阀的压力调节到实验所需的压力，再开启反应釜进气阀，使气体缓慢充入反应釜内，当反应釜显示的压力值与氮气瓶上设定压力相同且不再变化时，顺序关闭反应釜的进气阀和氮气瓶的出气阀，记录反应釜显示的压力值，半小时后观察其压力是否有变化。

② 如压力观察到明显下降趋势，则应检查漏气点。使用肥皂水对高压釜各个可能的漏点进行排查。重点检查区域为：压力表的接口处、进气阀、排气阀的接口处、釜体与釜盖的密封圈、各卡套接头处等。如发现漏气现象，应先将压力放空后，对相应漏点进行紧固处理，再加压试漏。经检查无泄漏问题后，将压力放空，用去离子水将肥皂水清洗干净。

③ 要严格按照规定使用操作反应釜，不得单独操作，实验时需两人以上。

④ 高压釜工作过程中，打开换气扇，保证通风良好。

⑤ 釜内有压力时，严禁扭动螺母或敲击高压釜。

⑥ 操作时随时观察压力表的示数，严禁在超温超压情况下用釜。

⑦ 实验过程如有漏气现象，立刻停止加热，停止实验，严禁高温扭动螺母。

⑧ 实验过程中需有专人看守。

九、知识拓展

我国医药行业发展迅速。这在给人们的正常生活提供保障的同时，也带来了诸如工业废水等环境问题。目前，工业废水多采用以活性污泥法为基础的各种生物处理方式，处理过程中会产生大量的剩余污泥。工业污泥成分极其复杂，含有大量难降解的有机物、重金属、盐类等物质。此外，某些特定行业（如医药行业）的污泥中含有大量耐药微生物，如果不慎进入自然环境中，会给生态环境带来巨大风险。结合上述特点，绝大多数工业污泥在我国被认定为危险废物。

为了减少工业污泥的转运量，降低污泥处置成本，企业一般会在厂内对污泥进行预处理，降低污泥中有机物含量，同时提高污泥的脱水性能。目前，企业一般使用聚丙烯酰胺或者聚合氯化铝等絮凝剂调理工业污泥，减少污泥与水的亲和力，提高工业污泥的脱水性能。但该方法并未减少污泥本身固体质量，不能杀灭污泥中微生物，这将给后续处理带来一定困难。还有企业选择在厂内建造污泥焚烧设备，将污泥中有机物全部氧化，杀死病原体，最大限度减小污泥体积。但是该方法初始设施投资大，处理费用高，设备维护成本高；且污泥本身热值低，需要外加燃料，燃烧时还会产生强致癌物二噁英。

湿式氧化技术可以将污泥中的有机物彻底氧化分解，减少污泥中固体含量。同时，该方法还可以大大提高污泥的脱水性能。与常规处理方法相比，湿式氧化可以处理高浓度有机废水以及含有有毒物质、难生物降解物质的废水和污泥。处理效率较高，在合适的条件下 COD 去除率可超过 90%，无二次污染物产生。

十、参考文献

[1] Hii K，Baroutian S，Parthasarathy R，et al. A review of wet air oxidation and thermal hydrolysis technologies in sludge treatment. Bioresource Technology，2014，155：289-299.

[2] 周仰原，郭鹏飞，曾旭，等. 含毒有害组分有机污泥湿式氧化减量技术. 净水技术，2020，39（10）：132-136.

[3] Boucher V，Beaudon M，Ramirez P，et al. Comprehensive evaluation of non-catalytic wet air oxidation as a pretreatment to remove pharmaceuticals from hospital effluents. Environmental Science：Water Research & Technology，2021，7（7）：1301-1314.

[4] 刘俊，曾旭，赵建夫. NaOH 强化催化湿式氧化处理制药污泥. 化工环保，2017，37（1）：106-109.

[5] Levec J，Pintar A. Catalytic wet-air oxidation processes：A review. Catalysis Today，2007，124（3-4）：172-184.

[6] Fu J，Kyzas G Z. Wet air oxidation for the decolorization of dye wastewater：An overview of the last two decades. Chinese Journal of Catalysis，2014，35（1）：1-7.

实验 19　制浆造纸污泥水热脱水实验

一、实验目的

① 了解水热法处理造纸污泥脱水技术，了解水热法用于污泥水热处理的具体操作流程。

② 确定影响制浆造纸污泥结合水分离的因素，通过控制操作条件，计算制浆造纸污泥结合水脱离率。

③ 掌握气瓶、真空泵、阀门、反应釜、气相色谱仪的使用方法。

二、实验原理

水热处置技术指的是在密闭的压力釜体中,以水为反应介质,在高温、高压条件下进行化学反应的各种技术的统称。在水热体系中,水的性质发生极大改变,其饱和蒸气压变高,密度、黏度以及表面张力下降,电离常数和离子积增大,进而可以增大其对污泥中菌胶团的可及性和溶解程度。已有研究表明,当水热温度为150℃(此时压力约为1MPa)左右时,可以使菌胶团中的细胞破裂,细胞质释放,进而直接使得细胞结合水游离出来,如图6-9所示。此外,高温下,污泥中的纤维、淀粉以及微生物细胞中的有机质也会快速水解成小分子有机物。上述两种作用,使得水热处理后污泥的滤水性得以显著改善,污泥中固形物得以减量,且为污泥中有机物的降解及资源化提供了可能。

未处理造纸污泥　　　水热处理菌胶团破碎　　　大分子水解　　　结合水脱离

图 6-9　造纸污泥水热处理过程

三、实验装置和试剂

实验装置:机械搅拌反应釜、抽滤装置、布氏漏斗、烘箱、天平。

实验试剂:造纸污泥。

四、实验步骤

1. 污泥水热实验

① 投料前应先检查反应釜是否有污染,将高压釜内壁、搅拌、冷却盘管、温度探头套管以及接合面等用乙醇进行清洗,再用蒸馏水冲洗,冲洗后要再用棉花或绸布蘸乙醇擦净,防止物料交叉污染。使用前必须检查各阀门是否畅通,特别是压力表及安全阀/爆破阀的管口。

② 对于进气导管,还需要特别注意有无堵塞现象,如有物料污染或堵塞,应将导管和进气支管从釜盖上拆卸,清洗干净后再安装上去。试压完毕,确认密封性能良好后方可进行投料操作。往干净、干燥的高压釜内加入反应物料和溶剂,然后再安装釜盖,装盖时应注意将凸出部分对准凹槽放入,而后再缓慢、平稳地将釜盖与釜体合上,盖好以后,应检查反应釜上下接口处是否对齐,轻轻旋动釜盖,确认釜盖已经放平,密封环接触良好后方可拧紧螺丝。上螺丝时一定要先用手拧紧,再用扳手成十字形对称地上,以避免受力不均。螺丝不要一次扭到位,分多次拧对角螺丝,逐步加力对称上紧。将上述污泥原液倒入反应釜中,使用专用扳手将反应釜上盖密封上紧。

③ 检查各阀门(加料口、釜盖排气阀、进气阀等)是否旋紧(吃住劲即可,不要过于用力),检查控制器的搅拌开关、加热开关、确保热电偶已经插入釜盖并能正常显示温度变化后,开启控制箱电源及其显示开关。将搅拌轴所连接冷却水打开后(磁力搅拌高压釜无此

步骤），再开启搅拌开关，通过调速器控制搅拌转速，开始搅拌。

④ 设置温度、升温曲线、转速、时间参数，点击开始按键，开始水热反应。

⑤ 反应开始后要密切关注反应中各参数（压力、温度、转速）的变化，尤其是压力的变化，一旦发现异常，应马上关闭加热开关，如温度过高，可以通过冷却盘管接冷却水降温处理或放置其自然冷却。

⑥ 反应完毕，自然降温或通过冷却盘管通冷却水降温。反应过程中禁止速冷速热，以防过大的温度应力使釜体造成裂纹。在反应结束后，先进行冷却降温，可通水冷却（放热反应）或空冷，冷却至40℃以下时，打开反应釜排气阀，缓慢将压力完全释放后，用扳手成十字形对称地松开主螺母，缓慢、平稳地将釜体与釜盖分离，开盖过程中应特别注意保护密封面，均匀地将釜盖抬起，避免釜盖和釜体的密封环遭受碰撞而导致损坏。将釜体取出，倒出物料，并用溶剂将釜内物料全部洗出，再用乙醇、水依次洗涤釜体、釜盖和取样管道，用软布或纸将密封锥面擦拭干净。反应釜应在出料完毕后立刻进行清洗，避免因溶剂挥发而导致清洗困难。清洗完毕，将釜体和釜盖置于通风处晾干。每次操作完毕，应清除釜体、釜盖上的残留物。高压釜上所有密封面，应经常清洗，并保持干燥，不允许用硬物或表面粗糙的软物进行清洗。

2. 污泥沉降度实验

① 用取样器或者烧杯等工具取样，迅速倒入量筒，防止污泥沉降，如果时间过长，可搅拌后倒入量筒至100mL刻度处；

② 量筒中的污泥混合液用玻璃棒搅拌均匀后静置，30min后记录沉淀污泥层与上清液交界处的刻度数值，这就是污泥沉降比。

3. 污泥浓度的测定

① 取微孔滤膜一张放于事先恒重的称量瓶中，移入烘箱中于105℃烘干半小时后置于干燥器内冷却至室温，称重。反复烘干、冷却、称量，至两次称量差小于0.2mg。将恒重的滤膜正确放在滤膜过滤器的托盘上，加盖配套的漏斗，固定后，用蒸馏水湿润滤膜，并不断吸滤。

② 量取混合均匀的试样100mL抽吸过滤，使水分全部通过滤膜。再以每次10mL蒸馏水洗涤3次，继续抽滤，除去痕量水分。停止抽滤后，小心取出载有悬浮物的滤膜放在原恒重的称量瓶内，移入烘箱于105℃烘1小时后置于干燥器内冷却至室温，称重。反复烘干、冷却、称量，至两次称量差小于0.4mg为止。

五、实验数据记录

将原始实验数据记录于表6-10。

表6-10　实验数据记录表

实验编号	反应时间 t/h	反应温度 $T/℃$	污泥浓度 /（mg/L）	沉降度 $SV_{30}/\%$	沉降时间 t/s	污泥体积指数

六、实验数据处理

沉降度 SV_{30} 是指曝气池混合液在量筒静置，沉降 30min 后污泥所占的体积分数。

污泥浓度为

$$\rho = (W_2 - W_1) / V_0 \tag{6-12}$$

式中　W_1——滤膜＋称量瓶重，g；

　　　W_2——悬浮物＋滤膜＋称量瓶重，g；

　　　V_0——试样体积，mL。

则污泥体积指数

$$SVI = SV_{30} / \rho \tag{6-13}$$

式中　SVI——污泥体积指数。

七、实验结果分析和思考题

1. 实验结果分析

① 根据反应条件不同，利用污泥体积指数评价水热反应对制浆造纸污泥的脱水情况。

② 分析实验测量误差及引起误差的原因。

③ 对实验装置及其操作提出改进建议。

④ 有哪些操作条件会影响污泥脱水？

2. 思考题

① 实验中怎样确定污泥密度？

② 除了温度还有哪些影响制浆造纸污泥沉降比和沉降时间的因素？

③ 利用知网、维普、万方等文献检索网站检索其他制浆造纸污泥的治理方法？

八、注意事项

① 高压釜使用前应进行密封性检测试验，相关内容见实验 18。

② 如压力观察到明显下降趋势，则应检查漏气点，见实验 18。

③ 要严格按照规定使用操作反应釜，不得单独操作，实验时需两人以上。

④ 高压釜工作过程中，打开换气扇，保证通风良好。

⑤ 釜内有压力时，严禁扭动螺母或敲击高压釜。

⑥ 操作时随时观察压力表的示数，严禁在超温超压情况下用釜。

⑦ 实验过程如有漏气现象，立刻停止加热，停止实验，严禁高温扭动螺母。

⑧ 实验过程中需有专人看守。

九、知识拓展

　　造纸工业与国民经济发展和社会文明息息相关，纸及纸板消费水平是衡量一个国家现代化和文明程度的重要标志之一。我国作为造纸工业生产、消费和贸易大国，自 2014 年起，纸及纸板年产量、消费量均超 1 亿吨，生产量和消费量均居世界第一位。同时造纸工业是高耗水量产业，生产过程中将排放大量造纸废水。造纸污泥是制浆造纸废水处理过程中的终端产物，生产 1 吨纸会产生约 1.2 吨含水量为 80％的污泥。如此庞大的固废物，所带来的环境影响也日益突出，如不对其进行妥善处理，势必会带来严重的环境问题，随之而来的各种生态问题和社会问题也逐渐突显。

造纸污泥成分复杂，如图 6-10 所示，主要有机成分包括纤维素、半纤维素和木质素等，无机成分主要包括氧化物及含氮、磷的无机盐。

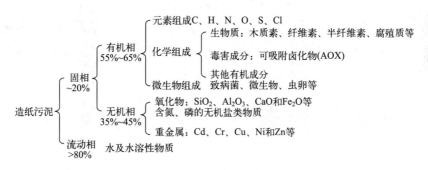

图 6-10　造纸污泥组成

与其他工业废水污泥有明显的区别，主要有以下几方面特点：

① 污泥是一种组成异常复杂的胶体混合物　在电子显微镜下观察可以发现，水分与固体悬浮物一起被微生物细胞包裹，形成菌胶团。菌胶团的特殊结构造成污泥的黏度很高，常温下含水率 90％的污泥动力黏度可以达到 $100000mPa \cdot s$，而水的动力黏度仅为 $1mPa \cdot s$。在这种胶体体系中，水分与固体颗粒以及微生物细胞的结合力很高，常规的脱水方式很难有效脱出污泥中的水。依附在固体颗粒和微生物细胞中的各种污染物，也因为菌胶团胶体体系的束缚，很难采用常规手段加以处理或利用。

② 氮、磷等养分的污染　在降雨量较大的地区，雨水的冲刷作用会使污泥中的氮、磷等有机物成分进入地表水体，造成水体的富营养化，进而渗入地下水系，污染和破坏地下水体。

③ 毒害成分对环境的影响　如图 6-10 所示，造纸污泥的微生物成分中含有致病菌及微生物虫卵，在进行填埋和农用处理时，如果对其处置不当，很容易滋生蚊蝇、散发恶臭，从而引起周围环境问题，致使环境质量下降。此外，需要重点说明的是，在纸浆漂白过程中产生的可吸附有机卤化物（AOX），主要成分氯代酚类、四氯代呋喃等氯苯类和氯酚类物质已经被证明具有致癌、致畸及致突变性。随着环境压力的不断增加以及国家对致癌化合物排放的严格控制，对废水中 AOX 的处理引起了工业界和学术界广泛关注。

十、参考文献

［1］卢佳辰，吕心则，刘明华 . 造纸废水污泥的处理及资源化利用 . 纸和造纸，2016，35（11）：37-39.

［2］China Paper Association. 2017 almanac of China's paper industry. Beijing：China Light Industry Press，2018.

［3］中华人民共和国生态环境部 . 2015 年环境统计年报 . （2017-02-23）. http：// www. mee. gov. cn/hjzl/sthjzk/sthjtjnb/201702/P020170223595802837498. pdf.

[4] Zhang L，Li W，Lu J，et al. Production of platform chemical and bio-fuel from paper mill sludge via hydrothermal liquefaction. Journal of Analytical and Applied Pyrolysis，2021，155：105032.

[5] Zhang L，Ping T，Xu H，et al. Simultaneous cellulose nanocrystals extraction and organic halides removal from paper mill excess sludge via alkali-oxygen cooking and ultrasonication. Journal of cleaner production，2022，379（1）：134512.

[6] Wu Z Y，Yin P，Ju H X，et al. Natural nanofibrous cellulose-derived solid acid catalysts. Research，2019.

实验 20　废水中纳米颗粒膜法回收实验

一、实验目的

① 了解膜分离过程及膜装置的组成，掌握膜装置的组装、拆卸、清洗及膜法回收装置的使用方法，测定进出水浊度等数据。

② 计算膜通量、浓缩倍数等数据。

③ 对比进、出水浊度的变化，掌握浊度仪的使用方法。

二、实验原理

1. 操作压力

操作压力越高，料液透过膜的通量越大，但是高压下导致的膜的致密化会使得通量降低。通常膜系统有两种操作方式，即恒定压力操作法和恒定通量操作法。前者保持操作压力一定，膜通量随着膜污染而减少，导致实际处理量的降低；后者为了保持膜通量一定，伴随膜面污染不断升高操作压力，而不断升高的操作压力则可能导致膜的致密化。当操作压力达到规定值时，需要对膜进行清洗或反冲。

2. 操作温度

温度对膜通量影响较大，温度升高，溶质和溶剂的扩散系数要增大，黏度降低，从而增大膜通量。但是必须注意的是，温度过高则可能导致膜的致密化，破坏膜的化学结构，改变膜性能。

3. 流速

通常高的料液流速可以减小浓差极化或沉积层的形成、提高渗透通量。但要考虑有些生物产品对剪切力敏感，必须选择合适的料液流速。

4. 运行控制

在设备使用过程中应注意浓缩液的性质，防止浓缩倍数过高致使浓缩液的固含量过高，从而堵塞流道或者膜孔，致使膜的再生困难加大，甚至导致膜元件报废。

三、实验装置

装置由一个料液罐、一台立式离心泵、一个长度 1016mm 的单芯膜组件、连接管路、阀门仪表以及支架和控制柜构成，装置流程如图 6-11 所示。

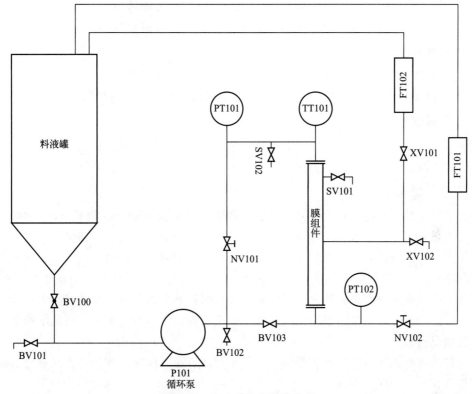

图 6-11　废水膜分离装置结构

NV101、NV102—物料循环流量、压力调节阀；BV100—料液控制阀；BV101、BV102、BV103—浓液排空阀；
XV101、XV102—陶瓷膜透过液控制阀；SV101、SV102—排气阀；PT101、PT102—进膜压力表、出膜压力表；
TT101—温度计；FT102、FT101—陶瓷膜透过液流量计与浓液流量计

四、实验步骤

1. 准备工作

① 陶瓷膜设备供电电源要求：380 V，三相五线或四线制（根据实际情况）。

② 检查水、电、冷却水是否正常；检查物料、水是否充足，出料空间是否正常；盘动电机联轴器一圈以上观察是否转动自如，首次开机或接拆电源线之后还需点动电机观察转向是否正确，如果反转则拉闸并确认断电后调换进线相线中任意两相再送电；确认相关的阀门是否正常，所有排污阀门是否完全关闭。

2. 开机操作

① 关闭 BV101、BV102、BV103、XV102、NV101 以及排气口 SV101、SV102 阀门，XV101 保持开启状态，完全打开 BV100，打通浓液回流管线。阀门调整完毕后，将物料转

移至料液罐中。

② 料液准备完毕后，调整控制柜上的泵的频率（开机时调整为较小频率）为 20Hz 以下。按下控制柜上的绿色启动按钮，启动设备运行。

③ 缓慢打开 NV101 至所需的料液循环流量（同时配合调整循环泵的工作频率，满足正常运行时的流量、压力参数需求）。

④ 打开 SV101 阀门进行清液排气 3～5s，排气完成后关闭阀门 SV101。

⑤ 注意观察透过液出料情况，按照实验方案进行取样分析检测。

3. 停机与排空

① 物料处理结束后，按下控制柜上的红色停机按钮即可停机。

② 排空操作：打开 BV101、BV102、BV103、XV102，对物料进行排空即可。

4. 紧急停机

设备运行遇到突发情况需要急停时，直接拍下控制柜上的急停按钮即可实现设备急停操作。急停按钮被按下后，当需要再次开机前，需要先旋转急停按钮使之复位。

5. 陶瓷膜清洗

膜元件污染导致通量下降，必须对膜进行清洗。膜清洗一般分为物理方法和化学方法，物理方法是指采用高流速水、气体反冲等手段冲洗去除污染物，化学方法是采用对膜材料本身没有损害，对污染物有溶解作用或置换作用的化学试剂对膜进行清洗（如氢氧化钠、柠檬酸、硝酸等）。

每次实验完毕须及时进行清洗，清洗液一般根据所处理的料液情况选择。大致为：蛋白质、多肽、淀粉、糖等有机污染物以碱洗为主；无机物污染以酸洗为主，以纯水通量作为膜性能恢复情况指标。

陶瓷膜的清洗操作与实验操作相同，一般采用高流速、低压力的操作方式进行清洗，清洗温度控制在 50～60℃效果最佳。

五、实验数据记录

将原始实验数据记录于表 6-11。

表 6-11　实验数据记录表

时间	透过液体积 /L	取样耗时 /h	进膜压力 /MPa	出膜压力 /MPa	膜面流速 /（m/s）	温度 /℃	通量 /LHM	透过液体积/L	浓缩倍数

六、实验数据处理

1. 渗透通量

膜的渗透通量是指单位有效膜面积的膜在单位时间内过滤的料液量,采用式(6-14)计算:

$$F = V/(AT) \tag{6-14}$$

式中 F——膜的渗透通量,L/(m²·h);

　　V——单位时间内过滤的滤液体积,L;

　　A——有效膜面积,m²;

　　T——膜的过滤时间,h。

2. 浓缩倍数

物料浓缩倍数的计算方法如下:

$$N = V_0/(V_0 - V_1) \tag{6-15}$$

式中 N——浓缩倍数;

　　V_0——实验物料的初始体积,L;

　　V_1——实验中陶瓷膜透过液的体积,L。

七、注意事项

① 实验期间注意循环水以及各处阀门、线路是否畅通,循环水是否正常循环。

② 设备停止运行或长时间停用时,将设备排空,关闭电源,盖上防尘布,在干燥环境中存放。

八、知识拓展

随着全球人口持续增长,水资源安全和可持续发展面临着一系列挑战,尤其是与水循环息息相关的工程问题。而废水作为一种可行且可持续的资源/能源载体,不仅可以提供优质再生水,还可以通过资源/能源回收,最大限度地减少处理设施的占地面积与能量消耗。自2018年1月1日起施行的《中华人民共和国水污染防治法》对工业废水的排放、处理和回收利用做出了明确的规定。然而,研发合适的技术或实现上述目标仍需要不断努力。

废水中所含颗粒可以通过重力分离、离心分离、浮选等物理作用处理、分离和回收。例如用沉淀法除去水中相对密度大于1的悬浮颗粒,浮选法可除去乳状油滴或相对密度近于1的悬浮物等。而膜分离技术与其他分离技术相比具有能耗低、污染小、分离质量高、稳定、安全等优势,与其他工艺相结合会使废水处理更加简易并达到预期效果。南京工业大学在膜分离技术研究领域处于国内领先地位,所开发的膜分离技术不仅可以用于废水处理,而且还用于碳酸钙和钛硅分子筛等微纳粉体制备,实现了能源节约与经济增长的双重效益,具有广阔的应用前景。

九、参考文献

[1] 付锦晖,邢卫红,徐南平. 陶瓷膜在钛硅分子筛固液分离过程中的应用. 膜科学与

技术，2004（5）：47-50.

［2］江文叶，胡俭，张峰，等．碳酸钙形貌对陶瓷膜过滤性能的影响．膜科学与技术．2014，34（4）：1-5.

［3］张峰，许志龙，邢卫红．膜技术用于微纳粉体制备的研究进展．膜科学与技术．2016，36（1）：114-121.

实验 21　膜法用于分离 VOCs/N₂ 实验

一、实验目的

① 了解膜法 VOCs 分离回收技术，了解膜法用于 VOCs 的具体操作流程。

② 确定影响膜法影响 VOCs 分离的因素，通过控制操作条件，计算 VOCs 的渗透率和选择性。

③ 掌握气瓶、真空泵、阀门、气相色谱仪的使用方法和膜组件的组成。

二、实验原理

挥发性有机化合物（VOCs）气体在膜前侧表面流动，真空泵将膜后侧抽真空，膜两侧形成压差，在膜内部出现气体渗透。由于各组分渗透速率不同，从而实现混合气体各组分的分离。VOCs 气体主要成分为多碳分子、O_2、N_2 等。所以 VOCs 气体通过气体分离膜时，挥发性有机物易透过分离膜，在膜后侧实现富集回收；同时空气难透过分离膜，在膜前侧实现气体的净化。气体分离膜是膜法处理 VOCs 的核心。

气体分子在膜中的传递与膜分离层的结构有关，如图 6-12 所示。

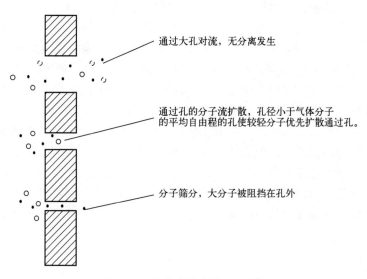

图 6-12　多孔膜分离原理示意图

当气体通过多孔膜时，其分离性能与气体的种类及膜孔径的大小有关。如果孔大到足以发生对流，分离就不可能发生。如果孔尺寸比气体分子的平均自由程小，则对流被分子流（molecular flow）所代替。在这种情况下，气体分子与孔壁的相互作用，比气体分子之间的相互作用更为频繁。另外，低分子量的气体比高分子量的气体扩散得快，因而发生分离。在零渗透压下，两组分迁移速率之差与它们分子量比的平方根成反比。

当气体透过非多孔膜（包括均质膜、非对称膜、复合膜）时，首先气体分子与膜接触，接着在膜表面溶解，从而在膜两侧表面产生浓度梯度，使气体分子在膜内向前扩散，到达膜的另一侧被解吸出来，从而实现分离的目的，如图 6-13 所示。

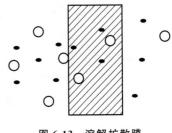

图 6-13　溶解扩散膜

三、实验装置和试剂

实验装置流程见图 6-14，其主体为 VOCs 发生装置、膜组件、回收冷凝装置。

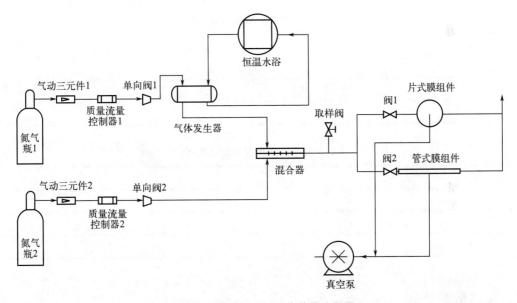

图 6-14　膜法 VOCs 回收装置流程图

实验仪器：气瓶、流量计、气体发生器（鼓泡）、恒温水浴、混合器、取样阀、管式膜组件、片式膜组件、真空计、真空泵。

分析仪器：集气袋、气相色谱仪。

实验试剂：环己烷（分析纯）。

四、实验步骤和分析方法

① 在气相色谱仪中绘制不同浓度环己烷的标准曲线（由教师提前绘制好）；实验开始之前，请先进行设备检漏，并确认房间排风系统是否正常。确认设备无漏气情况，且排风系统正常，再进行有机废气的实验。

② 首先在气体发生器装置中倒入 100mL 的环己烷溶剂，确保气体发生器的进气口处的内置管下口低于试剂液面，设定恒温水浴槽的温度（保持温度 1h 以上），不同温度决定环己烷的浓度。

③ 组装膜组件后，将气动三元件 1 和 2 的压力均调到 0.1MPa，调节质量流量控制器 1 和 2 的流量（如分别设置为 1L/min 和 2L/min）。

④ 打开阀 1 测试片式膜性能，或打开阀 2 测试管式膜性能。待运行稳定后，打开取样阀采用气袋取样或者直接接入气相色谱仪检测进气环己烷浓度。

⑤ 关闭取样阀，测试片式/管式膜渗余侧出口环己烷浓度，取样方式同上。

⑥ 在取样阀或者膜渗余侧出口分别连接皂膜流量计，测试进出口气量，渗透气量为两者差值。

⑦ 重复步骤③～⑥，进行两次重复实验。

五、实验数据记录

将片式膜和管式膜 VOCs 分离性能数据分别记录于表 6-12 和表 6-13 中。

表 6-12　片式膜性能测试数据

操作时间/min	0	1	3	5	7	9	11	13
环己烷浓度								
操作时间/min	15	17	19	21	23	25	27	29
环己烷浓度								

表 6-13　管式膜性能测试数据

操作时间/min	0	1	3	5	7	9	11	13
环己烷浓度								
操作时间/min	15	17	19	21	23	25	27	29
环己烷浓度								

六、实验数据处理

1. 膜去除率的计算

由测定所得的各组分的组成含量，利用式（6-16）计算分离膜的去除率 Y。

$$Y = \frac{C_1 F_1 - C_2 F_2}{C_1 \times F_1} \tag{6-16}$$

式中　C_1，C_2——进气、尾气浓度，mg/L；

　　　F_1，F_2——进气、尾气流量，mL/min。

2. 膜选择性性能的计算

由测定所得的各组分的组成含量，利用式（6-17）计算气体分离膜的渗透率，式（6-18）计算选择性。

$$J_i = \frac{Q_i}{\Delta p \times A} \qquad (6-17)$$

式中　　Q_i——i 组分在标准状况下的摩尔流量，mol/s；

　　　　Δp——渗透压差，Pa；

　　　　A——膜面积，m^2；

　　　　J_i——组分 i 的渗透速率，mol/（m$^2 \cdot$ s $\cdot$ Pa）。

$$\alpha_{VOCs/N_2} = J_{VOCs}/J_{N_2} \qquad (6-18)$$

七、实验结果分析和思考题

1. 实验结果分析

① 作出片式膜/管式膜不同操作时间下的浓度变化图。

② 计算两种膜组件的膜选择性。

③ 分析实验测量误差及引起误差的原因。

④ 对实验装置及其操作提出改进建议。

⑤ 有哪些操作条件会影响膜使用的寿命？

2. 思考题

① 实验中怎样确定膜达到使用极限平衡？

② 实验中除了温度还有哪些影响 VOCs 浓度的因素？

③ 根据自己所学知识或者利用知网、维普、万方等文献检索网站你还知道哪些 VOCs 的回收方法？

④ 既然膜分离法有很多优点，那是否可以取代其他的 VOCs 回收方法？总结一下吸附法、吸收法、膜分离法、冷凝法回收 VOCs 的特点（优缺点）。

八、注意事项

① 挥发性气体可能属于有毒有害物质，实验前，请先进行设备检漏，并确认房间排风系统是否正常。确认设备无漏气情况，且排风系统正常，再进行有机废气的实验。实验过程中请佩戴手套、口罩、防护镜等防护用品。

② 测试前，检查整套设备的管路以及管路中的阀门，选定好测试的组件，确保管路连接正确、无渗漏，阀门处于正确的开启或关闭状态。

③ 请注意热水浴中的水位，确保加热棒浸没在水中，防止干烧，发生危险。

④ 所有测试结束后，关闭氮气钢瓶气阀门，关闭真空泵，关闭总电源，关闭排风系统。

⑤ 若某种气体测试结束，需要更换气体进行测试，请使用氮气或空气对设备管路进行吹扫，保持系统的清洁，最终保证数据的可靠性。

九、知识拓展

随着人类文明的进步和近代工业发展，商品生产过程中使用的化学品种迅猛增加，在商品生产给人类提供丰富的物质生活的同时，石油化工、橡胶再生、油漆喷涂、制药、印刷、制鞋等行业中大量使用和排放各种挥发性有机物（VOCs），给人类的生活带来了危害。尤其是工业部门占国内 VOCs 人为排放量的 43%，预计到 2050 年 VOCs 的排放量将达到 2020 年的 4 倍。VOCs 不仅会诱导形成光化学烟雾、臭氧、雾霾等严重的环境污染问题，还直接损害人类的生命安全，长期暴露在 VOCs 气体当中会增加白血病、癌症、畸形等重大疾病的患病概率。

VOCs 处理方法基本上分为两大类。第一类是通过化学反应、生化反应等将 VOCs 氧化分解为无毒或低毒物质，包括燃烧法、生物法、等离子体法；但这类方法不能处理 VOCs 并造成二次污染。第二类是采用物理方法，如吸附、吸收、冷凝、膜分离等方法。吸附法常用作低浓度的 VOCs 处理，并且随着吸附材料的价格上涨，成本陡然增加；吸收法因其高昂的成本，目前不被工业所使用；冷凝法则对 VOCs 浓度和沸点有严格要求。因此前景良好的膜分离法越来越受工业的关注。采用压缩浅冷＋膜分离＋吸附/吸收/CO/RTO 可以实现有机尾气的回收利用及达标排放。

南京工业大学金万勤教授团队的膜法 VOCs 回收技术已成功入选生态环境部颁布的 2021 年《国家先进污染防治技术目录（大气污染防治、噪声与振动控制领域）》推广技术，在医药、化工、石化行业高浓度 VOCs 处理已取得广泛应用，在二氯甲烷、三氯甲烷、二氯乙烷、乙酸乙酯、乙酸丁酯、丙酮、环己酮、正己烷、环己烷、汽柴油等体系均有成熟应用案例。

十、参考文献

[1] Li X, Zhang L, Yang Z, et al. Adsorption materials for volatile organic compounds (VOCs) and the key factors for VOCs adsorption process: A review. Separation and Purification Technology, 2020, 235: 116213.

[2] 黄冬琳. 膜分离回收挥发性有机气体. 大连：大连理工大学, 2006.

[3] Chen Y, Qin J, Tong T, et al. Study on the effect of crosslinking temperature on microporous polyamide membrane structure and its nitrogen/cyclohexane separation performance. Separation and Purification Technology, 2020, 252 (1): 117401.

[4] Shen B, Zhao S, Yang X, et al. Relation between permeate pressure and operational parameters in VOC/nitrogen separation by a PDMS composite membrane. Separation and Purification Technology, 2022, 280: 119974.

[5] S Dai, Liao R, Zhou H, et al. Synthesis of triptycene-based linear polyamide membrane for molecular sieving of N_2 from the VOC mixture. Separation and Purification Technology, 2020, 252: 117355.

[6] Sun X, Pan Y, Shen C, et al. Pollution and cleaning of PDMS pervaporation membranes after recovering ethyl acetate from aqueous saline solutions. Membranes, 2022, 12 (4): 404.

[7] Yang W, Zhou H, Zong C, et al. Study on membrane performance in vapor permeation of VOC/N_2 mixtures via modified constant volume/variable pressure method. Separation and Purification Technology, 2018, 200: 273-283.

[8] Zhou H, Tao F, Liu Q, et al. Microporous Polyamide Membranes for Molecular Sieving of Nitrogen from Volatile Organic Compounds. Angewandte Chemie, 2017. DOI: 10.1002/ange.201700176.

[9] 韩秋，周浩力，刘公平，等. PDMS/PVDF 复合膜分离 VOC/N$_2$ 的性能研究. 膜科学与技术，2015，35（1）：75-81.

实验 22　废水临氧裂解实验

一、实验目的

① 了解染料废水临氧裂解技术安全处置的具体操作流程。
② 确定临氧裂解影响染料废水安全处置的因素。
③ 掌握气瓶、真空泵、阀门、临氧裂解设备的使用方法。

二、实验原理

废水中的有机物、氨氮等成分在氧气气氛和催化剂作用下，发生裂解与氧化耦合作用，有机碳被氧化成二氧化碳，氢被氧化成水，氮元素被氧化成氮气，实现有机物成分彻底转化为基本无害的二氧化碳、水、氮气，如图 6-15 所示。

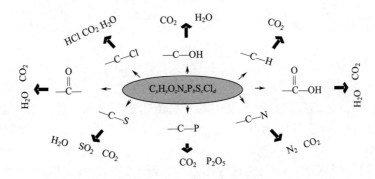

图 6-15　临氧裂解污染物作用机理

三、实验装置和试剂

实验装置见图 6-16。

空气由空气发生器产生，经气体质量流量计调节流量后进入反应器，废水由废水泵打入反应器，废水流量可在废水泵上设定。临氧裂解反应器置于电加热炉内，反应器上段属于废水汽化区。下段属于反应区。反应温度可通过改变电加热炉的控温来调节，将反应区温度控制在 300～430℃。在催化剂的作用下，废水中的污染物转化为二氧化碳和水，从反应器出来的高温气体经冷却后进入气液分离器，净化水收集，净化气排放。

用 UV 7504/PC 型紫外-可见分光光度计测定溶液的吸光度。

实验试剂：罗丹明 B、乙醇。

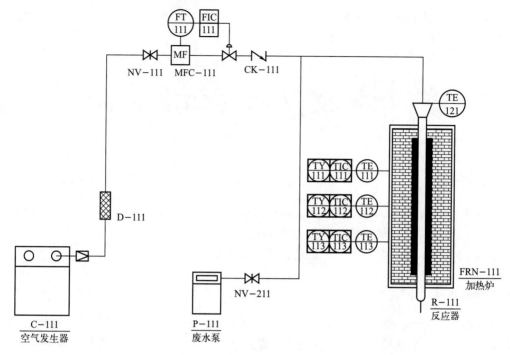

图 6-16　临氧裂解实验装置图

四、实验步骤

1. 临氧裂解过程

① 接通装置总电源，启动控制系统，打开空气发生器。

② 打开空气管路阀门，从控制系统进入工艺流程操作界面，将空气流量设定至 5 L/min，设定电加热炉三段控温分别为 320℃、300℃、300℃，按下加热炉控制按钮，启动电加热炉开始加热。

③ 观察反应区内部温度，当反应区内部温度达到300℃以上，启动废水泵，打开废水管路阀门，打开冷凝水，开始进行废水临氧裂解实验，通过调节空气流量、废水进料流量、电加热炉控温，使反应区温度维持在 300～430℃之间，并考察处理效果。

④ 实验结束后，关闭废水管路阀门，关闭废水泵，按下电加热炉控制按钮，关闭加热炉。采用空气吹扫进行降温，当反应区温度降低至 100℃以下，将空气流量设定至 0，关闭空气管路阀门，关闭空气发生器，关闭控制系统，断开总电源，关闭冷却水。

2. 染料降解效率的测定

① 打开紫外-可见分光光度计电源开关。

② 选择测量方式（按方式键选择透射比模式与吸光度模式）。

③ 设定罗丹明 B、亚甲基蓝的吸光度，选择工作波长 552nm 和 664nm 处的紫外-可见吸收峰进行测定。

④ 润洗比色皿，依次装入参比溶液和测量溶液。

⑤ 参比溶液于光路中，透射比模式下同时调 0 和 100%。

⑥ 在吸光度模式下，测定测量溶液的吸光度。

五、实验数据记录

将原始实验数据记录于表 6-14 中。

表 6-14　实验数据记录表

序号	反应时间 t/h	反应温度 T/℃	溶液吸光度	染料降解效率/%

六、实验数据处理

染料降解效率计算公式如下：

$$降解效率 = \frac{C_t}{C_0} = \frac{A_t}{A_0} \times 100\% \tag{6-19}$$

式中，C_0、C_t 表示反应时间为 0、t 时溶液的浓度；A_0、A_t 表示反应时间为 0、t 时，552nm 和 664nm 处的紫外-可见吸收峰临氧裂解降解后罗丹明 B、亚甲基蓝的吸光度。

七、实验结果分析和思考题

1. 实验结果分析

① 根据反应条件不同，利用 552nm 和 664nm 处的紫外-可见吸收峰临氧裂解降解后罗丹明 B、亚甲基蓝的吸光度评价临氧裂解过程对染料废弃的有机物去除情况。

② 分析实验测量误差及引起误差的原因。

③ 对实验装置及其操作提出改进建议。

④ 有哪些操作条件会影响染料废水的脱除效率？

2. 思考题

① 实验中你是怎样确定废水污染物含量？

② 根据自己所学知识或者利用知网、维普、万方等文献检索网站，你还知道哪些染料废水的治理方法？

八、注意事项

① 反应器温度较高，装置运行过程中，严禁接触反应器，避免烫伤。

② 反应器内部测温热电偶较细，在移动热电偶测温过程中，避免折弯，造成热电偶损坏。

③ 空气发生器定期排水，避免有水进入质量流量计，对质量流量计造成损坏。

④ 比色皿使用时注意不要沾污或将比色皿的透光面磨损，应手持比色皿的毛面。

⑤ 待测液制备好后应尽快测量，避免有色物质分解，影响测量结果。

⑥ 向比色皿中加样时，若样品流到比色皿外壁时，应以滤纸点干，镜头纸擦净后测量，切忌用滤纸擦拭，以免比色皿出现划痕。

九、知识拓展

近年来，染料工业快速发展，我国各种染料年产量已达 90 万吨，染料废水已成为环境重点污染源之一。在染料生产过程中使用大量的偶氮系化合物、卤代硝基苯等合成中间体，其中 10%～20% 的活性染料会释放到水体中，这些有机染料具有高毒性、持久性和生物累积性，若不能得到妥善处理，很容易在生物中富集，则会危害生态安全，影响人类健康。

高耗能、低效率及存在二次污染的传统废水处理过程，如厌氧发酵、蒸发燃烧及膜过滤，虽然能够完成染料废水的无害化处理，但是已经无法满足现代工业对绿色高效环保的要求。南京工业大学乔旭教授领衔的"绿色化工与三废治理"研发团队，成功研发了"临氧裂解-催化氧化"双功能催化剂，且加工、集合、组装成撬装设备，直接运送到相关企业进行 VOCs 及 CVOCs 催化净化处理。双功能催化剂具有裂解功能和氧化功能，在其作用下，能将废水中含有的大分子有机物裂解为小分子的有机物，小分子的有机物在氧气气氛下再氧化成无机物的小分子，即含有 C、H、O、Cl、N 等元素的有机污染物废气在双功能催化剂和氧气气氛作用下，发生裂解与氧化耦合作用，C 被氧化成 CO_2，H 被氧化成 H_2O，Cl 被转化成 HCl 和少量的 Cl_2，N 元素被氧化成 N_2，因反应温度低，几乎不生成氮氧化物。再用碱液洗涤尾气中含有的微量 HCl 和 Cl_2，从而使洗涤后的尾气可满足工业尾气排放标准。

十、参考文献

[1] Bora L V，Mewada R K．Visible/solar light active photocatalysts for organic effluent treatment：Fundamentals，mechanisms and parametric review. Renewable and Sustainable Energy Reviews，2017，76：1393-1421.

[2] 刘俊逸，黄青，李杰，等．印染工业废水处理技术的研究进展．水处理技术，2021，47（3）：1-6.

[3] 刘俊，曾旭，赵建夫．NaOH 强化催化湿式氧化处理染料废水．化工环保，2017，37（1）：4.

[4] 邢佑鑫，费兆阳，陈献，等．Mn_2O_3/Hβ 催化热塑性聚氨酯临氧裂解反应动力学．南京工业大学学报，2022，44（3）：261-268.

[5] 乔旭，刘清，罗刚，等．一种废弃树脂催化裂解氧化的处理方法：CN107099051A. 2020-02-21.

实验 23　电化学嵌脱法回收锂离子实验

一、实验目的

① 掌握电化学提锂原理，了解正极材料（以 $LiFePO_4$ 为例）对电化学提锂性能的影响。

② 了解循环伏安法测试，掌握氧化还原峰电流与扫描速率（$v^{1/2}$）之间的线性关系，计算锂离子扩散系数。

③ 了解恒流充放电测试（以 LiCl 为例），掌握电化学提锂耗能的测算及影响因素。

④ 考察电化学提锂体系的工作电极材料对锂离子的选择性。

二、实验原理

电化学提取锂离子方法来源于锂离子电池的工作原理，以锂离子电池的正极材料为工作电极，与对电极、参比电极以及电解液组成电化学提锂装置，流程示意图如图 6-17 所示。

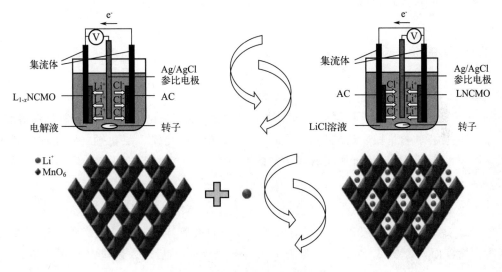

图 6-17　化学提锂原理示意图

常用的电化学提锂正极材料有 $LiMn_2O_4$、$LiFePO_4$、$LiNi_{0.6}Co_{0.2}Mn_{0.2}O_2$。以锰酸锂（$LiMn_2O_4$，记为 LMO）为例，首先将预脱锂的 $Li_{1-x}Mn_2O_4$（记为 $L_{1-x}MO$）电极、对电极及参比电极放入卤水溶液中让工作电极放电，使卤水中的 Li^+ 嵌入 $L_{1-x}MO$ 晶格当中还原为 LMO 材料，然后再将清洗干净的 LMO 电极、对电极及参比电极置于回收液（低浓度的 LiCl 溶液），对 LMO 电极充电，使 LMO 晶格中的 Li^+ 脱嵌进入到回收溶液中，如此反复循环，我们就可以将卤水中的锂离子转移到纯锂溶液当中，从而实现锂离子的富集。

三、实验装置和试剂

实验仪器：CHI760E 电化学工作站（图 6-18）、CT3002A-LAND 充放电仪（图 6-19）、电解池、铂电极夹、铂片辅助电极、银/氯化银参比电极、石墨电极。

实验试剂：0.5mol/L 氯化锂水溶液、含锂卤水（Li^+ 23.48mmol/L、Mg^{2+} 120.83mmol/L、Na^+ 256.4mmol/L、K^+ 47.83mmol/L、Ca^{2+} 0.57mmol/L）、不含锂卤水（Mg^{2+} 120.83mmol/L、Na^+ 256.4mmol/L、K^+ 47.83mmol/L、Ca^{2+} 0.57mmol/L）、蒸馏水。

图 6-18　CHI760E 电化学工作站

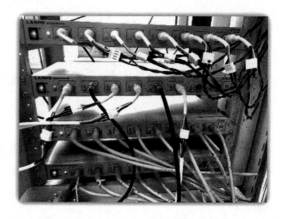

图 6-19　CT3002A-LAND 恒流充放电仪

四、实验步骤

1. 溶液配制

① 使用烧杯、容量瓶、玻璃棒、蒸馏水、氯化锂配制 250mL 0.5mol/L 氯化锂溶液。

② 使用烧杯、容量瓶、玻璃棒、蒸馏水、氯化锂、氯化镁、氯化钠、氯化钾、氯化钙配制含锂卤水溶液。同时，配制不含氯化锂的上述溶液。

2. 电极的制备

把正极材料（以 $LiMn_2O_4$、$LiFePO_4$、$LiNi_{0.6}Co_{0.2}Mn_{0.2}O_2$ 为例）与黏结剂（PVDF/NMP）和乙炔黑导电剂按照 8∶1∶1 均匀混合，配制成墨汁状浆料，然后将其涂覆在石墨电极上（涂覆面积为 $2cm\times2cm$，载量为 $1\sim2$ mg/cm^2），然后放入烘箱中烘干。

3. 电化学测试

① 打开 CHI760E 或 650E 电化学工作站和计算机的电源预热 10 min。

② 将 Pt 辅助电极用蒸馏水冲洗净，擦干后放入已经洗净并装有 50 mL 氯化锂溶液（或模拟卤水）的电解池中的一边，涂覆有正极材料的石墨电极插入电解池中的另一边，将银/氯化银参比电极插入两者之间，分别安装好各电极后，并按照图 6-20 所示接好测量电路（红色夹子接 Pt 辅助电极或石墨电极，绿色接石墨工作电极，白色接 Ag/AgCl 参比电极）。

③ 循环伏安测试：测试电压窗口（$LiFePO_4$：$-0.3\sim1.0V$），扫速 $0.1\sim5.0mV/s$，25℃测试。

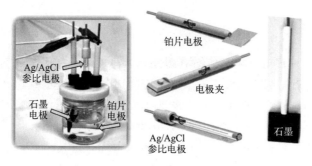

图 6-20　三电极测试体系及电极实物图

④ 恒流充放电测试：充放电电流 $0.3 \sim 1.0$ mA，充放电时间 $15 \sim 30$ min，循环次数 1 次，25℃ 测试。

五、实验数据记录

将原始实验数据分别记录于表 6-15～表 6-17 中。

表 6-15　锂离子扩散系数测试数据

峰参数	扫描速率/（mV/s）	
	不含锂卤水	含锂卤水
$I_{氧化}$ /mA		
$E_{氧化}$ /V		
$I_{还原}$ /mA		
$E_{还原}$ /V		

表 6-16　锂离子选择性测试数据

还原峰	溶液类型	
	不含锂卤水	含锂卤水
$I_{还原}$ /mA		
$E_{还原}$ /V		

表 6-17　电化学提锂耗能测试数据

溶液	恒流充放电参数	
	充放电电流/mA	充放电时间/min
含锂卤水		

六、实验数据处理

(1) 锂离子扩散系数计算公式

$$I_P = 2.69 \times 10^5 n^{3/2} SD^{1/2} v^{1/2} C \tag{6-20}$$

式中，I_P 是峰电流，A；n 是电子转移数；S 是电极面积，cm²；D 是扩散系数，cm²/s；v 是扫描速率，V/s；C 为溶液的浓度，mol/L。

循环伏安图的几个重要参数为：阳极峰电流（I_{pa}）、阴极峰电流（I_{pc}）、阳极峰电位（E_{pa}）、阴极峰电位（E_{pc}）。对于可逆电极反应，$I_{pa} = I_{pc}$，且阴、阳极峰电位的差值，即 $\Delta E = E_{pa} - E_{pc} \approx 56$ mV/Z，峰电位与扫描速度无关。

(2) 脱嵌容量、能量消耗计算公式

$$Q_r = \frac{(C_r - C_1)V_r}{m} \tag{6-21}$$

$$W = \frac{\oint E \, \mathrm{d}q}{(C_r - C_1)V_r} \qquad (6\text{-}22)$$

式中，Q_r 为锂离子的脱嵌容量；C_r 为回收液的最终浓度，mg/L；C_1 为溶液的初始浓度，mg/L；V_r 为溶液体积，L；W 为提锂过程中的能量消耗，J。

七、知识拓展

发展新能源汽车，实现"汽车强国梦"，对我国经济的可持续发展至关重要。国产新能源汽车企业正逐渐成为全球汽车产业重塑的关键力量。在新能源汽车领域，国产品牌已基本实现技术上的弯道超车。在国内新能源汽车市场，国产品牌近三年的平均市占有率已超过70%，完全颠覆了燃油车时代的市场格局。这将持续推动中国车企规模化发展的良性循环，同时也将进一步促进技术和研发的领先地位。

锂离子电池于 1990 年由日本 Sony 公司研发成功并实现商业化，目前已广泛应用于各个领域，主要包括便携式电子产品、电动车和大规模储能领域。动力电池技术是新能源汽车产业的关键环节。国产品牌在锂电池技术整体上目前处于世界领先水平，在电池的能量密度、生产工艺以及正负极关键材料方面，经过近年的不断提升，我国的头部电池企业已经达到世界领先水平。

锂资源的开采和提炼成本高，且其储量有限。近年来，随着新能源汽车的快速发展以及锂等金属原料的价格上涨，废旧锂电池回收利用行业成为备受瞩目的"火热"赛道。通过废旧锂电池的回收，可以减缓对自然界有限锂资源的过度开发，延缓锂资源枯竭的压力，促使资源更加可持续地利用。此外，废旧锂电池如果处理不得当，可能会导致有害物质的泄漏，对土壤和水源造成污染，对生态系统造成破坏。通过本专业的资源循环科学与工程技术手段，可以高效地回收锂资源，减少废旧电池对环境的不良影响，实现绿色环保。

八、参考文献

［1］杨绍斌，梁正．锂离子电池制造工艺原理与应用．北京：化学工业出版社，2020．

［2］廖开明，杜茗婕，郭畅，等．一种熔融态锂电池负极材料、制备方法以及全固态锂电池：CN114678517A．2022-06-28．

［3］廖开明，张秀，周嵬，等．一种氮化物增强的聚合物电解质、制备方法及长寿命固态锂离子电池：CN110994017A．2020-04-10．

［4］Guo C，Shen Y，Liao K，et al. Grafting of lithiophilic and electron-blocking interlayer for garnet-based solid-state Li metal batteries via one-step anhydrous poly-phosphoric acid post-treatment. Advanced Functional Materials，2023，33（10）：2213443.

［5］Du M，Liao K，Lu Q，et al. Recent advances in the interface engineering of solid-state Li-ion batteries with artificial buffer layers：challenges，materials，construction，and characterization. Energy and Environmental Science，2019，12（6）：1780.

实验 24　乙酸乙酯皂化反应动力学研究

一、实验目的

① 掌握化学动力学的某些概念。

② 测定乙酸乙酯皂化反应的速率常数。

③ 熟悉电导率仪的使用方法。

二、实验原理

乙酸乙酯皂化反应方程式为：

$$CH_3COOC_2H_5 + NaOH \longrightarrow CH_3COONa + C_2H_5OH$$

在反应过程中，各物质的浓度随时间而改变（注：Na^+ 在反应前后浓度不变）。若乙酸乙酯的初始浓度为 a，氢氧化钠的初始浓度为 b，当时间为 t 时，各生成物的浓度均为 x，此时刻的反应速率为

$$\frac{dx}{dt} = k(a-x)(b-x) \tag{6-23}$$

式中，k 为反应的速率常数。将上式积分可得

$$kt = \frac{1}{a-b} \ln \frac{b(a-x)}{a(b-x)} \tag{6-24}$$

若初始浓度 $a=b$，式（6-23）变为 $\dfrac{dx}{dt} = k(a-x)^2$，积分得

$$kt = \frac{x}{a(a-x)} \tag{6-25}$$

不同时刻各物质的浓度可用化学分析法测出，例如分析反应中的 OH^- 浓度，也可用物理法测量溶液的电导而求得。在本实验中采用后一种方法，即用电导法来测定。

电导是导体导电能力的量度，金属的导电是依靠自由电子在电场中运动来实现的，而电解质溶液的导电是正、负离子向阳极、阴极迁移的结果，电导 G 是电阻 R 的倒数。

$$G = \frac{1}{R} = L_g \frac{A}{l} \tag{6-26}$$

式中，A 为导体的截面积；l 为导体的长度；L_g 为电导率，它的物理意义是当 $l=1m$、$A=1m^2$ 时的电导。对一种金属，在一定温度下，L_g 是一定的。电解质溶液的 L_g 不仅与温度有关，而且与溶液中的离子浓度有关。在有多种离子存在的溶液中，L_g 是各种离子迁移作用的总和，它与溶液中离子的数目、离子所带电荷以及离子迁移率有关。在本实验中，由于反应是在较稀的水溶液中进行的，可以假定 CH_3COONa 全部电离，反应前后溶液中离子数目和离子所带电荷不变，但由于 CH_3COO^- 的迁移率比 OH^- 的迁移率小，随着反应的进行，OH^- 不断减少，CH_3COO^- 的浓度不断增加，故体系电导率会不断下降。在一定范围内，可以认为体系的电导率的减少量和 CH_3COO^- 的浓度 x 增加量成正比，则

$$x = K(L_0 - L_t) \tag{6-27}$$

式中，L_0 为起始时的电导率；L_t 为 t 时的电导率。当 $t = t_\infty$ 时反应终了 CH_3COO^- 的浓度为 a，即

$$a = K(L_0 - L_\infty) \tag{6-28}$$

式中，L_∞ 为反应终了时的电导率；K 为比例常数，将式（6-27）、式（6-28）代入式（6-25）得

$$kt = \frac{K(L_0 - L_t)}{aK[(L_0 - L_\infty) - (L_0 - L_t)]} = \frac{(L_0 - L_t)}{a(L_t - L_\infty)}$$

或写成

$$\frac{L_0 - L_t}{L_t - L_\infty} = akt \tag{6-29}$$

或

$$\frac{L_0 - L_t}{t} = akL_t - akL_\infty \tag{6-30}$$

从式（6-29）可知，只要测定了 L_0、L_∞ 以及一组 L_t 值后，利用 $\dfrac{L_0 - L_t}{L_t - L_\infty}$ 对 t 作图，应得一直线，直线的斜率就是反应速率常数和初始浓度 a 的乘积。k 的单位为 $dm^3 / (mol \cdot min)$。

反应的活化能可根据 Arrhenius 公式求算：

$$\frac{d\ln k}{dT} = \frac{E_a}{RT^2} \tag{6-31}$$

积分得

$$\ln \frac{k_2}{k_1} = \frac{E_a}{R} \left(\frac{T_2 - T_1}{T_1 T_2} \right) \tag{6-32}$$

式中，k_1、k_2 分别对应于温度 T_1、T_2 的反应速率常数；R 为气体常数；E_a 为反应的活化能。

三、实验装置和试剂

实验装置：DDS-11A 型电导率仪 1 台，电导池 1 只，恒温槽 1 套，100mL 恒温夹套反应器 1 个，1000mL 广口瓶 1 个，0.5mL 移液管 1 支，100mL 移液管 1 支，50mL 的烧杯 1 个，50mL 滴定管 1 支，250mL 锥形瓶 3 个，秒表 1 块，洗耳球 1 只。

实验试剂：NaOH（分析纯）、$CH_3COOC_2H_5$ 试剂（分析纯）、酚酞指示剂溶液、邻苯二甲酸氢钾。

四、实验步骤

① 打开恒温槽使其恒温在 25℃±0.2℃。

② 打开电导率仪。根据 8.8 对电导率仪进行零点及满刻度校正。认真检查所用电导电极的常数，并用旋钮调至所需的位置。

③ 用一个小烧杯配制少量的浓 NaOH 溶液，在 1000mL 的广口瓶装入约 900mL 的蒸馏水，将所选用实验仪器的测量电极插入水中。

a. 如果选用电导率仪测量，电磁搅拌条件下，逐滴加入浓 NaOH 溶液到 $L = 1300 \sim 1400\mu S/cm$。

b. 如果选用离子分析仪测量，电磁搅拌条件下，逐滴加入浓 NaOH 溶液到 pH 为 12.00 左右。

④ 将配制好的 NaOH 溶液用滴定管和酚酞指示剂在室温下进行浓度测定，重复三次以上，取平均值。

⑤ 取 100mL 配制且滴定好的 NaOH 溶液置于恒温夹套反应器中，插入洗净且吸干水的测量电极，恒温 10min，等电导率仪上的读数稳定后，每隔 1min 读取一次数据，测定三个平行的数据。

⑥ 完成 L_0（或 pH_0）的测定后，使用小容量的移液管移取所需用量的乙酸乙酯，穿过大口玻璃套，将乙酸乙酯全部放入溶液中，不要遗留在玻璃套的内壁上，以免浓度不准。放到一半时打开秒表计时，读数平稳变化后，尽快测量第一组数据，以后每隔 1min 读一次数，15min 后每隔 2min 读一次数，进行到 35min 后结束。

⑦ 根据需要进行其他测量。

⑧ 按步骤⑤～⑦在第二个温度（30℃）下进行测量。

五、实验数据记录

将原始实验数据记录于表 6-18、表 6-19 中。

表 6-18　NaOH 溶液的滴定数据

滴定实验编号	1	2	3
邻苯二甲酸氢钾质量/kg			
NaOH 溶液用量/mL			
NaOH 溶液浓度/（mol/dm³）			
NaOH 溶液浓度均值/（mol/dm³）			

表 6-19　电导率的测定数据

实验温度：＿＿＿＿＿＿＿＿＿℃

时间/min	电导率 L_t/（μS/cm）	时间/min	电导率 L_t/（μS/cm）
0		8	
1		9	
2		10	
3		11	
4		12	
5		13	
6		14	
7		...	

六、实验数据处理

① 由 t 和 $\dfrac{L_0 - L_t}{L_t - L_\infty}$ 作图得一直线，并根据斜率求反应速率常数 k。

② 由 k_{25}、k_{30}，根据 Arrhenius 公式求出反应的活化能 E_a。

七、实验结果分析和思考题

1. 实验结果分析

给出主要实验结果，并分析。

2. 思考题

① 化学反应动力学的三个重要参数是什么？一般情况下哪一个参数应该先被实验确定？

② 溶液均相化学反应实验研究的重要测量起点是什么？

③ 化学反应有快有慢，为了能准确测量出不断变化的物质浓度或物理量，动力学实验中应该关注的三个重要时间概念是哪些？

④ 对于动力学研究中，物理量及其测量仪器的选择有哪些方面的考虑？

八、注意事项

① NaOH 溶液和乙酸乙酯混合前应预先恒温。

② 清洗铂电极时不可用滤纸擦拭电极上的铂黑。

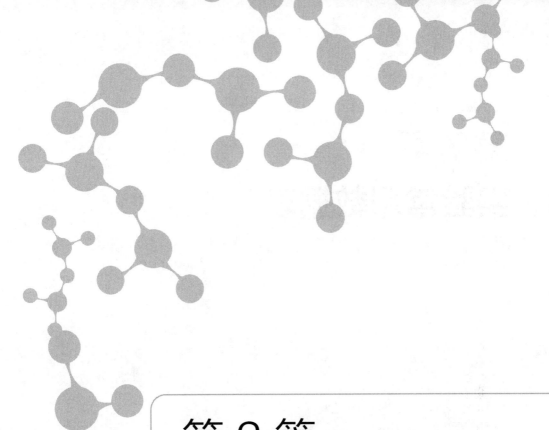

第 3 篇

实验相关数据与
实验仪器

第7章
实验常用数据表

7.1　单位换算

长度　　$1m=100cm=3.29084ft=39.3701in$

　　　　$1ft=12in=0.3048m$

面积　　$1m^2=1\times10^4cm^2=10.7639ft^2=1550.00in^2$

　　　　$1ft^2=144in^2=0.0929030m^2=929.030cm^2$

体积　　$1m^3=1\times10^6cm^3=1\times10^3dm^3=35.3147ft^3=264.172gal$

　　　　$1ft^3=1728in^3=0.0283168m^3=28.3168dm^3$

密度　　$1g/cm^3=1\times10^3kg/m^3=62.4280lb/ft^3=0.0361273lb/in^3$

　　　　$1lb/in^3=1728lb/ft^3=27.6799g/cm^3$

质量　　$1kg=1\times10^3g=0.001t=2.20462lb$

　　　　$1lb=0.453592kg=453.592g$

力　　　$1N=1kg \cdot m/s^2=1\times10^5dyn=0.224809lbf$

压力　　$1bar=1\times10^5Pa=1\times10^5kg/(m \cdot s^2)=1\times10^5N/m^2$

　　　　　$=0.986923atm=750.061mmHg=14.5038psi$

　　　　$1atm=760mmHg=101.325kPa=14.6960psi$

能量　　$1J=1kg \cdot m^2/s^2=1N \cdot m=1W \cdot s=1\times10^7dyn \cdot cm=1\times10^7erg=0.23884cal$

功率　　$1kW=1\times10^3W=1\times10^3kg \cdot m^2/s^3=1\times10^3J/s$

温度　　$T/K=t/℃+273.15$　　　　　　　　$t_℃/℃=\dfrac{5}{9}(t_{°F}/°F-32)$

　　　　$t_{°R}/°R=t_{°F}/°F+459.67$　　　　　　$1K=1.8°R$

7.2　常用化合物的物性数据

常用化合物的物性数据见表 7-1。

表 7-1　常用化合物的物性数据表

化合物	T_b/K	T_c/K	p_c/MPa	V_c/(cm³/mol)	Z_c	ω[①]	ANTA[②]	ANTB[②]	ANTC[②]	TMX[③]	TMN[③]
烷烃											
甲烷	111.7	190.6	4.600	99	0.288	0.008	8.6041	597.84	−7.16	120	93
乙烷	184.5	305.4	4.884	148	0.285	0.098	9.0435	1511.42	−17.16	199	130
丙烷	231.1	369.8	4.246	203	0.281	0.152	9.1058	1872.46	−25.16	249	164
正丁烷	272.7	425.2	3.800	255	0.274	0.193	9.0580	2154.90	−34.42	290	195
异丁烷	261.3	408.1	3.648	263	0.283	0.176	8.9179	2032.73	−33.15	280	187
正戊烷	309.2	469.6	3.374	304	0.262	0.251	9.2131	2477.07	−39.94	330	220
异戊烷	301.0	460.4	3.384	306	0.271	0.227	9.0136	2348.67	−40.05	322	216
新戊烷	282.6	433.8	3.202	303	0.269	0.197	8.5867	2034.15	−45.37	305	260
正己烷	341.9	507.4	2.969	370	0.260	0.296	9.2164	2697.55	−48.78	370	245
正庚烷	371.6	540.2	2.736	432	0.263	0.351	9.2535	2911.32	−56.51	400	270
正辛烷	398.8	568.8	2.482	492	0.259	0.394	9.3224	3120.29	−63.63	425	292
单烯烃											
乙烯	169.4	282.4	5.036	129	0.276	0.058	8.9166	1347.01	−18.15	182	120
丙烯	225.4	365.0	4.620	181	0.275	0.148	9.0825	1807.53	−26.15	240	160
1-丁烯	266.9	419.6	4.023	240	0.277	0.187	9.1362	2132.42	−33.15	295	190
顺 2-丁烯	276.9	435.6	4.205	234	0.272	0.202	9.1969	2210.71	−36.15	305	200
反 2-丁烯	274.0	428.6	4.104	238	0.274	0.214	9.1975	2212.32	−33.15	300	200
1-戊烯	303.1	464.7	4.053	300	0.310	0.245	9.1444	2405.96	−39.63	325	220
反 2-戊烯	309.5	475.0	3.658	300	0.280	0.237	9.2809	2495.97	−40.18	330	220
顺 2-戊烯	310.1	476.0	3.648	300	0.280	0.24	9.2049	2459.05	−42.56	330	220
其他有机化合物											
醋酸	391.1	594.4	5.786	171	0.200	0.454	10.1878	3405.57	−56.34	430	290
丙酮	329.4	508.1	4.701	209	0.232	0.309	10.0311	2940.46	−35.93	350	241
乙腈	354.8	548.0	4.833	173	0.184	0.321	9.6672	2945.47	−49.15	390	260
乙炔	189.2	308.3	6.140	113	0.271	0.184	9.7279	1637.14	−19.77	202	194
丙炔	250.0	402.4	5.624	164	0.276	0.218	9.0025	1850.66	−44.07	267	183
1,3-丁二烯	268.7	425.0	4.327	221	0.270	0.195	9.1525	2142.66	−34.30	290	215
异戊二烯	307.2	484.0	3.850	276	0.264	0.164	9.2346	2467.40	−39.64	330	250
环戊烷	322.4	511.6	4.509	260	0.276	0.192	9.2372	2588.48	−41.79	345	230

化合物	T_b /K	T_c /K	p_c /MPa	V_c / (cm³ /mol)	Z_c	ω [1]	ANTA [2]	ANTB [2]	ANTC [2]	TMX [3]	TMN [3]
				其他有机化合物							
环己烷	353.9	553.4	4.073	308	0.273	0.213	9.1325	2766.63	−50.50	380	280
二氯二氟甲烷	243.4	385.0	4.124	217	0.280	0.176	—	—	—	—	—
三氯一氟甲烷	297.0	471.2	4.408	248	0.279	0.188	9.2314	2401.61	−36.30	300	240
三氯三氟乙烷	320.7	487.2	3.415	304	0.256	0.252	9.2222	2532.61	−45.67	360	250
二乙醚	307.7	466.7	3.638	280	0.262	0.281	9.4626	2511.29	−41.95	340	225
甲醇	337.8	512.6	8.096	118	0.224	0.559	11.9673	3626.55	−34.29	364	257
乙醇	351.5	516.2	6.383	167	0.248	0.635	12.2917	3803.98	−41.68	369	270
正丙醇	370.4	536.7	5.168	218.5	0.253	0.624	10.9237	3166.38	−80.15	400	285
异丙醇	355.4	508.3	4.762	220	0.248	—	12.0727	3640.20	−53.54	374	273
环氧乙烷	283.5	469.0	7.194	140	0.258	0.2	10.1198	2567.61	−29.01	310	200
氯甲烷	248.9	416.3	6.677	139	0.268	0.156	9.4850	2077.97	−29.55	266	180
甲乙酮	352.8	535.6	4.154	267	0.249	0.329	9.9784	3150.42	−36.65	376	257
苯	353.3	562.1	4.894	259	0.271	0.212	9.2806	2788.51	−52.36	377	280
氯苯	404.9	632.4	4.519	308	0.265	0.249	9.4474	3295.12	−55.60	420	320
甲苯	383.8	591.7	4.114	316	0.264	0.257	9.3935	3096.52	−53.67	410	280
邻二甲苯	417.6	630.2	3.729	369	0.263	0.314	9.4954	3395.57	−59.46	445	305
间二甲苯	412.3	617.0	3.546	376	0.260	0.331	9.5188	3366.99	−58.04	440	300
对二甲苯	411.5	616.2	3.516	379	0.260	0.324	9.4761	3346.65	−57.84	440	300
乙苯	409.3	617.1	3.607	374	0.263	0.301	9.3993	3279.47	−59.95	450	300
苯乙烯	418.3	647.0	3.992	—	—	0.257	9.3991	3328.57	−63.72	460	305
苯乙酮	474.9	701.0	3.850	376	0.250	0.42	9.6128	3781.07	−81.15	520	350
氯乙烯	259.8	429.7	5.603	169	0.265	0.122	9.3399	1803.84	−43.15	290	185
三氯甲烷	334.3	536.4	5.472	239	0.293	0.216	9.3530	2696.76	−46.16	370	260
四氯化碳	349.7	556.4	4.560	276	0.272	0.194	9.2540	2808.19	−45.99	374	253
甲醛	254.0	408.0	6.586	—	—	0.253	9.8573	2204.13	−30.15	271	185
乙醛	293.6	461.0	5.573	154	0.220	0.303	9.6279	2465.15	−37.15	320	210
乙酸甲酯	330.1	506.8	4.691	228	0.254	0.324	9.5093	2601.92	−56.15	360	245
甲酸乙酯	327.4	508.4	4.742	229	0.257	0.283	9.5409	2603.30	−54.15	360	240

化合物	T_b/K	T_c/K	p_c /MPa	V_c /(cm^3 /mol)	Z_c	ω [1]	ANTA[2]	ANTB[2]	ANTC[2]	TMX[3]	TMN[3]
单质气体											
氩	87.3	150.8	4.874	74.9	0.291	−0.004	8.6218	700.51	−5.84	94	81
溴	331.9	584.0	10.34	127	0.270	0.132	9.2239	2582.32	−51.56	354	259
氯	238.7	417.0	7.701	124	0.275	0.073	9.3408	1978.32	−27.01	264	172
氦	4.21	5.19	0.227	57.3	0.301	−0.387	5.6312	33.7329	1.79	4.3	3.7
氢	20.4	33.2	1.297	65	0.305	−0.22	7.0131	164.90	3.19	25	14
氟	119.8	209.4	5.502	91.2	0.288	−0.002	8.6475	958.75	−8.71	129	113
氖	27.0	44.4	2.756	41.7	0.311	0	7.3897	180.47	−2.61	29	24
氮	77.4	126.2	3.394	89.5	0.290	0.04	8.3340	588.72	−6.60	90	54
氧	90.2	154.6	5.046	73.4	0.288	0.21	8.7876	734.55	−6.45	100	63
氙	165.0	289.7	5.836	118	0.286	0.002	8.6756	1303.92	−14.50	178	158
其他无机化合物											
氨	239.7	405.6	11.28	72.5	0.242	0.25	10.3279	2132.50	−32.98	261	179
二氧化碳	194.7	304.2	7.376	94	0.274	0.225	15.9696	3103.39	−0.16	204	154
二硫化碳	319.4	552.0	7.903	170	0.293	0.115	9.3642	2690.85	−31.62	342	228
一氧化碳	81.7	132.9	3.496	93.1	0.295	0.049	7.7484	538.22	−13.15	108	63
肼	386.7	653.0	14.69	96.1	0.260	0.328	11.3697	3877.65	−45.15	343	288
氯化氢	188.1	324.6	8.309	81	0.249	0.12	9.8838	1714.25	−14.45	200	137
氰化氢	298.9	456.8	5.390	139	0.197	0.407	9.8936	2585.80	−37.15	330	234
硫化氢	212.8	373.2	8.937	98.5	0.284	0.100	9.4838	1768.69	−26.06	230	190
一氧化氮	121.4	180.0	6.485	58	0.250	0.607	13.5112	1572.52	−4.88	140	95
一氧化二氮	184.7	309.6	7.245	97.4	0.274	0.160	9.5069	1506.49	−25.99	200	144
硫	—	1314	11.75	—	—	0.07	—	—	—	—	—
二氧化硫	263	430.8	7.883	122	0.268	0.251	10.1478	2302.35	−35.97	280	195
三氧化硫	318	491.0	8.207	130	0.260	0.41	14.2201	3995.70	−36.66	332	290
水	373.2	647.3	22.05	56	0.229	0.344	11.6834	3816.44	−46.13	441	284

① ω 为偏心因子；

② ANTA、ANTB、ANTC 为 Antoine 蒸气压方程系数 A、B、C；

③ TMX、TMN 为 Antoine 蒸气压方程系数适用温度范围。

7.3 相平衡数据

7.3.1 平衡温度和压力校正

7.3.1.1 温度计露茎校正

由于用来测量平衡温度的温度计的水银柱未全部浸入被测体系，需进行露茎校正（图 7-1）。校正值按下式计算：

$$\Delta t_{露茎} = K \times n(t - t_{环}) \tag{7-1}$$

式中　K——水银对玻璃的膨胀系数，0.00016；

　　　n——露出于被测体系之外的水银柱长度，称为露茎高度，以温度计读数的差值表示；

　　　t——测量用温度计上的读数，℃，即 $t_{观}$；

　　　$t_{环}$——测量用温度计露出部分所处的环境温度，℃，即辅助温度计读数。

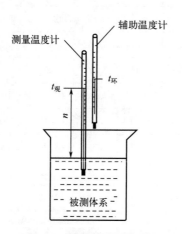

图 7-1　露茎校正示意图

经过校正，测得的在大气压力下的平衡温度为 $t_{真实} = t + \Delta t_{露茎}$。

7.3.1.2 压力校正

由于测定是在大气压力 p_0 下进行的，为了便于与文献 760mmHg 压力下的汽液平衡数据作比较，需将实测的平衡温度 $t_{真实}$ 校正为正常沸点温度 $t_{正常}$。用特鲁顿规则及克劳休斯-克拉佩龙方程可得溶液沸点因大气压变动而变动的近似校正式：

$$\Delta T = \frac{R(t_{真实} + 273.15)}{21} \times \frac{\Delta p}{p} \approx \frac{t_{真实} + 273.15}{10} \times \frac{760 - p_0}{760} \tag{7-2}$$

式中　p_0——测定时大气压力，mmHg。

因此 760mmHg 压力下汽液平衡温度 $t = t_{真实} + \Delta T$。

7.3.2　0.1013MPa下乙醇（1）-环己烷（2）体系汽液平衡数据

0.1013MPa下乙醇（1）-环己烷（2）体系汽液平衡数据及关联式常数见表7-2和表7-3。

表7-2　0.1013.MPa下乙醇（1）-环己烷（2）体系汽液平衡数据

x_1	y_1	t	x_1	y_1	t	x_1	y_1	t
0.0200	0.1750	73.99	0.3660	0.4300	64.78	0.7760	0.5150	65.93
0.0300	0.3020	69.08	0.4030	0.4310	64.77	0.7810	0.4980	66.40
0.0650	0.3580	66.94	0.4310	0.4310	64.77	0.8090	0.5450	66.90
0.0810	0.3630	66.08	0.4440	0.4380	64.78	0.8330	0.5780	67.26
0.0860	0.3650	66.37	0.5000	0.4430	64.81	0.8530	0.5950	67.98
0.1250	0.3880	65.59	0.5570	0.4550	64.88	0.8810	0.6230	68.86
0.1510	0.3960	65.23	0.6130	0.4600	65.01	0.8980	0.6530	69.44
0.2060	0.4080	65.12	0.6210	0.4580	64.99	0.9090	0.6780	70.11
0.2580	0.4150	64.93	0.6780	0.4750	65.25	0.9290	0.7250	71.42
0.2830	0.4180	64.87	0.7380	0.5050	65.56	0.9510	0.7780	72.48
0.3150	0.4260	64.84	0.7630	0.4960	66.03			

表7-3　γ_i-x_i 关联式中的常数（按表7-2数据关联）

常数	A_{12}	A_{21}	α_{12}	泡点温度偏差 Δt/℃	气相组成偏差 Δy
Margules 方程	2.4728	1.7264		0.56~3.78	0.0201~0.0653
Van Laar 方程	2.5567	1.7586		0.52~3.37	0.0177~0.0557
Wilson 方程	1921.9738	363.3917		0.67~2.54	0.0156~0.0383
NRTL 方程	761.7789	1393.7993	0.4376	0.51~2.79	0.0139~0.0428
UNIQUAC 方程	-153.0128	1100.3231		0.47~3.21	0.0154~0.0523

7.3.3　乙醇（1）-水（2）体系汽液平衡数据

乙醇（1）-水（2）体系汽液平衡数据见表7-4。

表7-4　0.1013MPa下乙醇（1）-水（2）体系汽液平衡数据

液相组成 x_1/%	平衡温度 T/℃	气相组成 y_1/%	液相组成 x_1/%	平衡温度 T/℃	气相组成 y_1/%	液相组成 x_1/%	平衡温度 T/℃	气相组成 y_1/%
0.8	99	7.6	47.2	82.3	76.4	84.4	79.2	88
4	95.9	33.4	52.1	81.7	77.6	85.7	79.1	88.7
8	92.6	47.7	57.2	81.2	78.7	87	79.1	89.5
12.1	90.2	55.2	62.4	80.8	80.1	88.3	78.7	90.3
16.2	88.3	60.9	67.8	80.4	81.5	89.6	78.5	91.1
20.4	86.9	65.6	73.5	79.9	83.4	91	78.4	92
24.6	85.7	68.3	77	79.7	84.7	92.4	78.3	93
28.9	84.5	70.8	79.4	79.5	85.7	93.8	78.2	94.1
33.3	84.1	72.7	80.6	79.4	86.2	95.3	78.2	95.3
37.8	83.5	74.1	81.9	79.3	86.8	96.8	78.3	96.7
42.4	82.8	75.3	83.1	79.2	87.4	98.4	78.3	98.3

7.3.4 乙醇-环己烷-水液液平衡数据

298.15K 下乙醇-环己烷-水液液平衡数据如表 7-5 所示。

表 7-5　298.15K 下乙醇-环己烷-水液液平衡数据

序号	乙醇/%	环己烷/%	水/%
1	41.06	0.08	58.86
2	43.24	0.54	56.22
3	50.38	0.81	48.81
4	53.85	1.36	44.79
5	61.63	3.09	35.28
6	66.99	6.98	26.03
7	68.47	8.84	22.69
8	69.31	13.88	16.81
9	67.89	20.38	11.73
10	65.41	25.98	8.31
11	61.59	30.63	7.78
12	48.17	47.54	4.29
13	33.14	64.79	2.07
14	16.70	82.41	0.89

参考文献

［1］Gamehling J，Onken H. VLE Data Collection，Aqueous-organic system Vol 1，part 1. Germany：DECHEM，1977.

［2］许开天. 酒精蒸馏技术. 北京：轻工业出版社，1990.

［3］朱自强，徐汛. 化工热力学. 2 版. 北京：化学工业出版社，1991.

［4］袁渭康，王静康，费维扬，等. 化学工程手册. 3 版. 北京：化学工业出版社，2019.

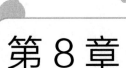

第8章
常用仪器设备的原理和使用方法

8.1　WYA 型阿贝折射仪

阿贝折射仪是测定透明、半透明液体或固体的折射率 n_D 以及平均色散（$n_F - n_C$）的仪器（其中以测透明液体为主）。如仪器上接恒温器，则可测定温度为 $0 \sim 70℃$ 内的折射率 n_D。

折射率和平均色散是物质的重要光学常数之一，能借以了解物质的光学性能、纯度、浓度及色散大小等。WAY 仪器能测出蔗糖溶液的质量分数（$0\% \sim 95\%$，相当于折射率 $1.333 \sim 1.531$）。其适用范围甚广，是石油化工、油脂工业、制药工业、制漆工业、食品工业、日用化学工业、制糖工业和地质勘探等部门的常用仪器之一。

折射率测量范围：$1.3000 \sim 1.7000$。

测量示值误差：± 0.0002。

蔗糖溶液质量分数读取范围：$0\% \sim 95\%$。

8.1.1　工作原理

折射率的基本原理即为折射定律：$n_1 \sin\alpha_1 = n_2 \sin\alpha_2$。式中，$n_1$、$n_2$ 为交界面两侧的两种介质之间的折射率（图 8-1）；α_1 为入射角；α_2 为折射角。

若光线从光密介质进入光疏介质，入射角小于折射角，改变入射角可以使折射角达到 $90°$，此时的入射角称为临界角，本仪器测定折射率就是基于测定临界角的原理。

图 8-2 中，当不同的角度光线射入 AB 面时，其折射角都大于 i，如果用一望远镜观察折射出的光线，可以看到望远镜视场被分为明暗两部分，二者之间有明显的分界线，见图 8-3，明暗分界线为临界角的位置。

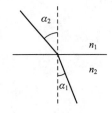

图 8-1　折射定律 1

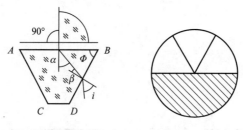

图 8-2　折射定律 2　　　　　图 8-3　视场

图 8-2 中 $ABCD$ 为一折光棱镜，其折射率为 n_2。AB 面上面是被测物体（透明固体或液体）其折射率为 n_1，由折射定律得

$$n_1 \sin 90° = n_2 \sin\alpha \tag{8-1}$$

$$n_2 \sin\beta = \sin i \tag{8-2}$$

由几何原理：$\Phi = \alpha + \beta$，则 $\alpha = \Phi - \beta$

代入式（8-1）得

$$n_1 = n_2 \sin(\Phi - \beta) = n_2(\sin\Phi\cos\beta - \sin\beta\cos\Phi) \tag{8-3}$$

由式（8-2）得

$$n_2^2 \sin^2\beta = \sin^2 i，\quad n_2^2(1 - \cos^2\beta) = \sin^2 i，\quad \cos\beta = \sqrt{(n_2^2 - \sin^2 i)/n_2^2}$$

代入式（8-3）得

$$n_1 = \sin\Phi \sqrt{(n_2^2 - \sin^2 i)} - \cos\Phi \sin i \tag{8-4}$$

棱镜的折射角 Φ 与折射率 n_2 均已知。当测得临界角 i 时，即可换算得被测物体的折射率 n_1。

WYA 型阿贝折射仪的结构（图 8-4、图 8-5）：底座为仪器的支承座，壳体固定在其上。除棱镜和目镜以外全部光学组件及主要结构封闭于壳体内部。棱镜组固定在壳体上，由进光

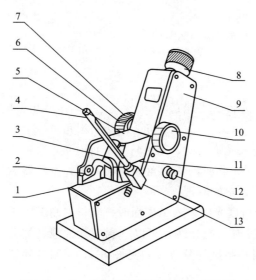

图 8-4　WYA 型阿贝折射仪的结构（正面）

1—反射镜；2—转轴；3—遮光板；4—温度计；5—进光棱镜座；6—色散调节手轮；7—色散值刻度圈；8—目镜；
9—盖板；10—手轮；11—折射标棱镜座；12—照明刻度盘聚光镜；13—温度计座

棱镜、折射棱镜以及棱镜座等结构组成，两只棱镜分别用特种黏合剂固定在棱镜座内。进光棱镜座和折射标棱镜座两棱镜座由转轴连接。进光棱镜能打开和关闭，当两棱镜座密合并用手轮锁紧时，二棱镜面之间保持一均匀的间隙，被测液体应充满此间隙。

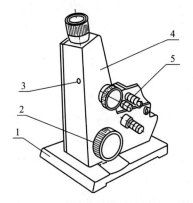

图 8-5　WYA 型阿贝折射仪的结构（背面）

1—底座；2—折射率刻度调节手轮；3—小孔；4—壳体；5—恒温器接头

8.1.2　操作方法

8.1.2.1　准备工作

①　在开始测定前，必须先用蒸馏水（数据按表 8-1）或用标准试样校对读数。如用标准试样则对折射棱镜的抛光面加 1～2 滴溴萘，再贴上标准试样的抛光面，当读数视场指示于标准试样之上时，观察望远镜内明暗分界线是否在十字线中间，若有偏差则用螺丝刀微调旋转图 8-5 中小孔内的螺钉，带动物镜偏摆，使分界线位移至十字线中心。通过反复地观察与校正，示值的起始误差降至最小（包括操作者的瞄准偏差）。校正完毕后，以后的测定过程中不允许随意动此部位。

表 8-1　蒸馏水的折射率及平均色散

温度/℃	折射率 n_D	平均色散 $n_F - n_C$	温度/℃	折射率 n_D	平均色散 $n_F - n_C$	温度/℃	折射率 n_D	平均色散 $n_F - n_C$
10	1.33369	0.00600	21	1.33290	0.00597	31	1.33182	0.00594
11	1.33364	0.00600	22	1.33280	0.00597	32	1.33170	0.00593
12	1.33358	0.00599	23	1.33271	0.00596	33	1.33157	0.00593
13	1.33352	0.00599	24	1.33261	0.00596	34	1.33144	0.00593
14	1.33346	0.00599	25	1.33250	0.00596	35	1.33131	0.00592
15	1.33339	0.00599	26	1.33240	0.00596	36	1.33117	0.00592
16	1.33331	0.00598	27	1.33229	0.00595	37	1.33104	0.00591
17	1.33324	0.00598	28	1.33217	0.00595	38	1.33090	0.00591
18	1.33316	0.00598	29	1.33206	0.00594	39	1.33075	0.00591
19	1.33307	0.00597	30	1.33194	0.00594	40	1.33061	0.00590
20	1.33299	0.00597						

在日常的测量工作中一般不需校正仪器，如对所测的折射率示值有怀疑时，可按上述方式进行检验，是否有起始误差，如有误差应进行校正。

② 每次测定工作之前及进行示值校准时必须将进光棱镜的毛面、折射棱镜的抛光面及标准试样的抛光面，用无水乙醇与乙醚（1∶1）的混合液和脱脂棉花轻擦干净，以免留有其他物质，影响成像清晰度和测量准确度。

8.1.2.2　测定工作

（1）测定透明、半透明液体

将被测液体用干净滴管加在折射棱镜表面，并将进光棱镜盖上，用手轮锁紧，要求液层均匀，充满视场，无气泡。打开遮光板，合上反射镜，调节目镜视度，使十字线成像清晰，此时旋转折射率刻度调节手轮并在目镜视场中找到明暗分界线的位置，再旋转色散调节手轮使分界线不带任何色彩，微调折射率刻度调节手轮，使分界线位于十字线的中心，再适当转动聚光镜，此时目镜视场下方显示的示值即为被测液体的折射率。

（2）测定透明固体

被测物体上需有一个平整的抛光面。把进光棱镜打开，在折射棱镜的抛光面加1~2滴比被测物体折射率高的透明液体（如溴萘），并将被测物体的抛光面擦干净放上去，使其接触良好，此时便可在目镜视场中寻找分界线，瞄准和读数的操作方法如前所述。

（3）测定半透明固体

用上法将被测半透明固体上抛光面粘在折射棱镜上，打开反射镜并调整角度利用反射光束测量，具体操作方法同上。

（4）测量蔗糖溶液质量分数

操作与测量液体折射率时相同，此时读数可直接从视场中示值上半部读出，即为蔗糖溶液质量分数。

（5）测量不同温度下的折射率

若需测量在不同温度时的折射率，将温度计旋入温度计座中，接上恒温器的通水管，把恒温器的温度调节到所需测量温度，接通循环水，待温度稳定十分钟后，即可测量。

8.2　气压计

大气压力是用水银柱与大气压力相平衡时的汞柱高来表示的，并规定在海平面、纬度为45°及温度为0℃时的大气压力760mmHg为标准大气压。

设汞柱上面为完全真空，当其与大气压力平衡时表现出的压力为

$$p_0 = \frac{F}{A} = \frac{Mg}{A} = \frac{V\rho g}{A} = H\rho g \tag{8-5}$$

式中，F 为力，dyn；A 为面积，cm^2；M 为质量，g；g 为重力加速度，cm/s^2；V 为汞体积，cm^3；ρ 为汞密度，g/cm^3；H 为汞柱高，cm。

8.2.1 气压计的读数修正

(1) 温度的修正

温度会影响水银的密度及黄铜刻度标尺的长度，考虑了这两个因素之后，得到以下校正公式：

$$H_0 = H_t - \frac{H_t(\beta - \alpha)t}{1 + \beta t} \tag{8-6}$$

式中，H_0 为将水银柱校正到 0℃ 时的读数；H_t 为在 t 时的读数；α 为黄铜的线膨胀系数，0.0000184；β 为汞的体膨胀系数，0.0001818；t 为读数时的温度，℃。

为了使用方便起见，已将各温度时的读数 H_t 换算成 H_0 所修正的数值列成了表（表 8-2）。使用该表时只需将各温度时的读数加上表中相应的数值（必须注意，在 0℃ 以上，此修正全为负值）。应该指出，气压计上的温度计在精密测量中也要经过校正，如果这个温度偏差了 1℃，则气压计读数对 760mm 来说就会相差 0.12mm。

表 8-2　带黄铜标尺的气压计示值换算为 0℃ 时数值的修正表

温度/℃	观测到的汞柱高/mm							
	700	710	720	730	740	750	760	770
2	0.23	0.23	0.24	0.24	0.24	0.25	0.25	0.25
4	0.46	0.46	0.47	0.48	0.48	0.49	0.50	0.50
6	0.69	0.70	0.71	0.71	0.72	0.73	0.74	0.75
8	0.91	0.93	0.94	0.95	0.97	0.98	0.99	1.01
10	1.14	1.16	1.17	1.19	1.21	1.22	1.24	1.26
11	1.26	1.28	1.29	1.31	1.33	1.35	1.36	1.38
12	1.37	1.39	1.41	1.43	1.45	1.47	1.49	1.51
13	1.48	1.51	1.53	1.55	1.57	1.59	1.61	1.63
14	1.60	1.62	1.64	1.67	1.69	1.71	1.73	1.76
15	1.71	1.74	1.76	1.78	1.81	1.83	1.86	1.88
16	1.83	1.85	1.88	1.90	1.93	1.96	1.98	2.01
17	1.94	1.97	2.00	2.02	2.05	2.08	2.11	2.13
18	2.05	2.08	2.11	2.14	2.17	2.20	2.23	2.26
19	2.17	2.20	2.23	2.26	2.29	2.32	2.35	2.38
20	2.28	2.31	2.35	2.38	2.41	2.44	2.48	2.51
21	2.39	2.43	2.46	2.50	2.53	2.56	2.60	2.63
22	2.51	2.54	2.58	2.62	2.65	2.69	2.72	2.76
23	2.62	2.66	2.70	2.73	2.77	2.81	2.84	2.88
24	2.73	2.77	2.81	2.85	2.89	2.93	2.97	3.01
25	2.85	2.89	2.93	2.97	3.01	3.05	3.09	3.13

温度/℃	观测到的汞柱高/mm							
	700	710	720	730	740	750	760	770
26	2.96	3.00	3.05	3.09	3.13	3.17	3.21	3.26
27	3.07	3.12	3.16	3.21	3.25	3.29	3.34	3.38
28	3.19	3.23	3.28	3.32	3.37	3.41	3.46	3.50
29	3.30	3.35	3.39	3.44	3.49	3.54	3.58	3.63
30	3.41	3.46	3.51	3.56	3.61	3.66	3.70	3.75

注：所有修正值均带负号。

(2) 重力加速度 g 的修正

在海平面、纬度为 $45°$ 的重力加速度为 980.665cm/s^2，当纬度及海拔高度改变时，g 的值也有所改变。因此需要把各地区的重力加速度下测得的汞柱高换算成在标准重力加速度 980.665 cm/s^2 下的汞柱高，为此作成了表 8-3（对纬度的修正）及表 8-4（对海拔的修正），使用这些表时，只需把读数加上表中的相应修正值即可。

表 8-3　换算为纬度 45° 的读数修正表

地理纬度	观测到的汞柱高/mm			
	650	700	750	800
25°	−1.14	−1.20	−1.29	−1.36
30°	−0.89	−0.96	−1.03	−1.09
35°	−0.61	−0.66	−0.72	−0.77
40°	−0.33	−0.36	−0.38	−0.41
45°	−0.03	−0.04	−0.04	−0.04
50°	0.26	0.29	0.31	0.34
55°	0.55	0.60	0.64	0.69
60°	0.82	0.89	0.96	1.18
65°	1.08	1.16	1.24	1.32

表 8-4　换算为海平面上气压的修正值

海拔高/m	观测到的汞柱高/mm				
	600	640	680	720	760
100	—	—	—	0.02	0.02
300	—	—	0.06	0.07	0.07
500	—	—	0.11	0.12	—
700	—	0.14	0.15	0.16	—
900	—	0.18	0.19	—	—
1100	—	0.21	0.23	—	—
1400	0.26	0.28	0.30	—	—

注：所有的修正值均带负号。

(3) 仪器的修正值

这是由于压力计构造上的缺陷或长期使用后水银中溶解微量空气渗入真空部分所引起的。当与标准气压相比较之后，即可求得这项改正值，这项改正值常附于仪器的检定证书中。

(4) 高度差的改正

即气压计下部汞面与实验进行所在地存在高度差引起的。通常在地球表面的 10m 空气柱大致相当于 0.9mm 汞柱，即每高于地面 10m，气压就相应减少 0.9mmHg。观测到的汞柱高换算成海平面上气压所应修正的值见表 8-4。

【例 8-1】 在成都地区用福廷式气压计（带黄铜标尺）读出汞柱高为 716.5mm，这时气压计上的温度计读数为 22℃，试求修正后的正确气压。

仪器修正值（检定证书注明）	＋0.1mm
温度修正值（查表 8-2）	－2.6mm
纬度修正（成都约在 31°）	－0.8mm
海拔高的修正（成都海拔约 500 米）	－0.1mm
	－3.4mm

修正后的气压＝716.5－3.4＝713.1（mmHg）。

为了使用方便起见，对于一个已经安装好的气压计可把仪器修正、纬度修正、海拔修正合并成一个修正值。在要求不高的场合下，也可以只作温度修正。

8.2.2 气压计的构造和使用

实验室中常用的为福廷式水银气压计，它的构造如图 8-6 所示。

福廷式气压计的主要部分为一盛汞的玻璃管倒置于汞槽中，玻璃管顶部绝对真空。汞槽底由一皮袋封住，可以借助下部的螺丝使皮袋上下移动，从而调整下部槽中的汞面，使之刚好与固定在槽顶的象牙针尖接触，这个面就是测定汞柱高的基准面。盛汞玻璃管装于具有刻度的黄铜外管中，黄铜管上部的读数部分，相对两边开有槽缝，通过槽缝可以观察到玻璃管中的汞面。在相对的槽缝中装有可上下移动游标。气压计必须垂直安装，如果偏离垂直位置 1°，则对 760mm 来说就会造成 0.1mm 的误差。读取气压计读数时可按下列步骤进行。

① 读出附于气压计上的温度读数。

② 调整气压计底部螺丝，使水银面与象牙针刚好接触。

③ 调整控制游标上下移动的螺丝，将其上升到较汞面略高位置，然后缓慢下降，直到眼睛看来游标前边缘、后边缘与汞弯月面三者均在一平面上（刚好相切），按游标尺零点对准的下面一个刻度读出压力的整数部分，再按游标尺与刻度尺重合得最好的一条线，从游标尺上读出小数部分。

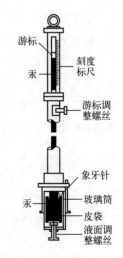

图 8-6 福廷式气压计

④ 将读数校正到 0℃ 及标准重力加速度的相应数值。考虑高度差和仪器修正后，得出气压的最后结果。

最后，值得提醒的是，通常在实验室中用玻璃管 U 形汞压计测量压差时，也应进行修正。特别是当大气压读数已经修正，再用汞压差计读数与大气压相减来测定设备内部压力时，更不能忽略这项修正。为简便起见，对玻璃管 U 形汞压差计可只作汞体积膨胀修正，这时

$$H_0 = \frac{H_t}{1 + 0.00018t} \tag{8-7}$$

式中，H_0 为校正到 0℃ 时的读数；H_t 为温度为 t 时的读数；t 为汞压差计所在地的温度，℃；0.00018 为汞的体膨胀系数。

8.3　电子天平

天平是用来测量质量的仪器，其主要种类有：杠杆式天平（如架盘天平）、弹性元件变形原理天平（如扭力天平）、电磁力平衡原理天平（如电子天平）。

这里以赛多利斯公司生产的 BSA 系列电子天平为例说明其安装和操作方法。

8.3.1　安装环境条件

① 置于稳定、平坦（桌子或地面）的平面上或者墙壁支架上。

② 不要将仪器安装在能直接接受阳光照射的地方，也不要安装在暖气附近，以避免受热。

③ 不要将仪器置于由于门窗打开而形成空气对流的通道上。

④ 在测量时避免出现剧烈震动现象。

⑤ 采取保护措施防止仪器遭受腐蚀性气体的侵蚀。

⑥ 仪器不应用在具有爆炸危险的环境内。

⑦ 不要将仪器长期置于湿度较大的环境里。

⑧ 当把一台放在较低温度环境中的仪器搬到环境温度较高的工作间后，应将仪器在工作间里放约 2h，并切断电源。2h 后，接通电源，使仪器内部与外部环境之间温度达到平衡，由温度差产生的湿气可排出，以减少环境对仪器的影响。

8.3.2　使用操作

① 调水平。调整地脚螺栓高度，使水平仪内空气气泡位于圆环中央。用水平仪调整电子天平时，右旋前面地脚，电子天平升高；左旋前面地脚，电子天平下降。

② 开机。接通电源，按开关键 ON/OFF 直至全屏自检。

③ 预热。天平在初次接通电源或长时间断电之后，至少需要预热 30min。为取得理想的测量结果，天平应保持在待机状态。

④ 校正。首次使用天平必须进行校正，按校正键 CAL，天平将显示所需要校正砝码质

量，放上砝码直至出现 g，校正结束。

⑤ 称量。使用去皮键 TARE，去皮清零。放置样品进行称量。

⑥ 关机。天平应一直保持通电状态（24h），不使用时将开关键关至待机状态，使天平保持保温状态，可以延长天平使用寿命。

8.4　CS501AB 超级恒温器

CS501AB 超级恒温器满足标准 GB/T 32710.13—2016，适用于生物、化学、物理、植物、化工等研究中需直接加热和辅助加热的精密恒温的仪器设备。

恒温器整体结构采用不锈钢体制成，在内外两筒夹层中用玻璃纤维层压板制成。控温方式为热平衡式自动控制，全温度范围内任意设定，数字显示槽显示设定温度。PID 控制加热管加热，电动水泵槽外循环实现温度均匀。它具有性能稳定，使用安全，操作简单的优点。

8.4.1　主要技术性能

温度范围：5～95℃。

恒温波动度：±0.05℃。

使用电源：交流（220±22）V，50Hz。

额定功率：1.6kW。

水泵流量：6L/min。

电加热器（2组）：第一组 500W，第二组 1000W。

仪器容积（mm^3）：360mm×260mm×180mm。

8.4.2　安装条件和使用操作

(1) 安装条件

① 周围无强烈震动，无腐蚀性气体、粉尘和易燃易爆的气体存在。

② 工作介质为净化水。

③ 使用电源应满足技术性能要求，有可靠的接地线。

④ 应放置在通风良好、地面或桌面平整的室内。

⑤ 将水泵的进出口用橡胶管（附件）连接好。

⑥ 打开筒盖，向筒内注净化水，至离盖板 30～40mm 处，便可停止。

(2) 使用操作

① 在初次使用之前，应先将恒温器的电源插头，用万用表作一次安全检查，用测量电阻置一挡，量插头上、中、下相互之间是否有短路或绝缘不良现象。

② 将电源插头接通电源，开启控制面板上的电源开关，主加热器通过仪表的 PID 控制开始加热，指示灯变亮；泵使筒内的水循环对流。在到达设定温度之前可开启辅助加热减少升温时间，当达到设定温度后关掉。

③ 温控操作见仪表说明书。注意：所有参数的设置都要在运行状态下才能进入参数设

置状态，一旦进入参数设置，仪表的程序运行暂停，并作当时设定的定制控制。

④ 恒温器上的水泵还可以作外接调和水浴用，但调和水浴的位置，一定高于恒温器的筒内水面线，调和水面的进水嘴，要装在靠底部，出水嘴则装在离底部 $50 \sim 60$mm 处，作为限制水位高度的标准。

使用时将外接调和水浴灌入水至出水嘴处，用两根橡皮管，一根从进水嘴连接至恒温器的出水嘴处，另一根连通进水嘴，然后启动水泵进行循环对流。注意切勿在调和水浴无水时启动水泵抽水，因为这样会抽出恒温器筒内大量的水，恒温器得不到补偿使两组加热元件露出水面烧坏。

8.5　HC21006 低温恒温浴

8.5.1　工作原理

HC21006 低温恒温浴由箱体、槽体、蒸发器、压缩机组、控制部件等部分组成。槽体采用绝热性能优良的聚氨酯泡沫塑料保温隔热；箱体外壳用优质薄钢板制作，表面喷涂塑料保护层。

制冷部分由两个单级制冷系统构成复叠式制冷循环。高温部分由压缩机、水冷冷凝器、过滤干燥器、热力膨胀阀、蒸发器等组成，工作物质为氟利昂-22（R22）；低温部分由压缩机、预冷器、干燥过滤器、热力膨胀阀、蒸发器等组成，工作物质为氟利昂-13（R13）。其工作原理如下。

(1) 制冷系统

经毛细管节流后的 R22 液体，进入蒸发器吸收槽体内的热量而汽化，从而使槽内的温度降低。汽化后 R22 被压缩机吸入，压缩为高温、高压气体，后进入水冷冷凝器，在此被冷却凝结成 R22 液体。然后再经过过滤干燥器干燥，通过热力膨胀阀节流后，重新进入蒸发器中吸热并汽化，然后再被压缩机吸入，如此循环地工作。

(2) 控制电路

控制器部件中包括泵、加热器、压缩机、数显仪表及可控硅等部分。控制过程如下：首先，测温元件（铂电阻）测出温度（实际为电阻值）经过转换器转换成为电压信号，一方面经数显仪表显示出槽体内介质温度，另一方面与设定给的信号进行比较，然后将比较后的信号进行放大，P、I、D 运算等环节处理。最后，通过加热器对槽体内介质进行加热，从而形成一个闭路循环的自动控制系统。

8.5.2　安装和操作

(1) 环境条件

① 环境温度 $5 \sim 35$℃，环境相对湿度 85%（20℃时）。

② 周围无强烈震动，无腐蚀性气体、粉尘和易燃易爆的气体存在。

③ 使用温度高于 5℃时，工作介质用净化水，温度低于 5℃时，工作介质用无水乙醇。先向槽内加入介质，使液面低于槽体面板约 15mm，并注意在恒温槽工作过程中随时保持此液面高度。先加介质是为了防止加热器干烧损坏。

④ 使用电源应满足技术性能要求并有过流保护及短路保护装置，有可靠的接地线。

（2）安装

① 本产品应放置于通风良好，地面或桌面平整的室内。

② 将水泵的进出水嘴用橡胶管（附件）连接好。

③ 打开槽盖，向槽内注入工作介质，液面比槽沿约低 15mm，盖上槽盖。

（3）操作

① 将控制面板上的"电源""制冷"开关置关断位置（开关面朝下）。

② 接通电源，数显表上排显示测量温度，下排显示控制温度。

③ 设定恒定温度：按下仪表上面 "⊙" 键 3s，出现 SU（控制温度）参数设定画面，按 "∧"（加数）、"∨"（减数）、"＜"（位移）键将参数设为所需控制的恒定温度，按 "⊙" 键返回测量温度和控制温度的显示画面。

④ 当设定温度低于环境温度 10℃时需开启"制冷"开关。

（4）注意事项

① 通电之前应作绝缘检查。

② 当槽体处于高温状态时应避免烫伤操作者。

③ 工作介质在 50℃以上不能开启"制冷"开关。

④ 严禁无水空烧！注意保持工作介质液面高度。

⑤ 压缩机停机 10min 后才能再次开启。

⑥ 低温产品不可倾倒。

⑦ 每次做完低温实验必须回到环境温度，才能切断电源，否则会使控制器凝露。

8.6　DDS-11A 型电导率仪

DDS-11A 型电导率仪是一台盘式（160mm×80mm）安装的电导率测量仪表，它能测定一般的液体的电导率。仪器有 0~10mV 信号输出，可接自动电子电位记录仪。

8.6.1　技术特性

① 测量范围：0~2.000mS/cm，0~4.000mS/cm（读数×4）。

② 基本误差：±1%。

③ 信号输出：0~10mV。

④ 工作条件：环境温度 5~40℃，环境相对湿度≤85%，供电电压为 220V、50Hz。

⑤ 消耗功率：5W。

8.6.2 布置

(1) 前面板布置 (图 8-7)

前面板包括以下内容。

① 选择开关有三挡：校正挡、测量Ⅰ挡、测量Ⅱ挡。

② 校正调节器用来调节常数或量程。

③ 温度补偿调节器 10～40℃手动补偿（系数 2%/℃），25℃时为无温度补偿。

④ 电源开关。

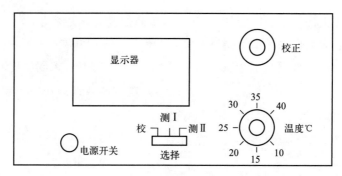

图 8-7　前面板布置

(2) 后面板布置 (图 8-8)

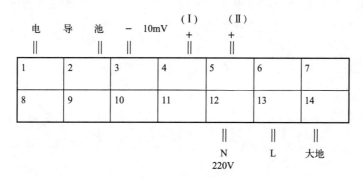

图 8-8　后面板布置

8.6.3 操作

（1）根据本仪器的测量范围使用 DJS-1 铂黑电极，连接电极。

（2）用温度计测出被测介质的温度后把温度旋钮置于相应的介质温度值上。

（3）选择开关置于校正挡，若电极常数为 0.97 时，调节校正器使仪器显示 0.970。

（4）测量时，把电极浸入介质中，将选择开关拨至测量Ⅱ挡，如果显示值小于 2mS 则将选择开关拨至测量Ⅰ挡。

用于快速连续测定混合气体溶液或潮湿表面的氧分压，可对少至 $100\mu L$ 样品作恒湿测定。

8.7.1 工作原理

测氧仪由氧电极和仪器两部分组成。

氧电极是以铂金丝为阴极，以银-氧化银片为阳极的玻璃电极，外用四氟塑料套管及塑料薄膜。在电极与套管-薄膜之间装有 0.5mol/L KCl 溶液。阳极与阴极上施加 0.7V 极化电压。

铂电极是紧贴薄膜的，通过薄膜而弥散过来的氧溶解于电极附近的溶液中，在一定的极化电压作用下，溶解的氧分子被还原。

$$O_2 + 2H^+ + 2e^- \longrightarrow H_2O_2$$

并以阴极铂丝为中心形成扩散层，这种扩散电流与待测试样中的氧分压呈线性关系。在铂电极上电解产生氧电流信号，经过高阻抗运算放大器后，由数字直接指示含氧浓度。

工作环境：相对湿度≤85%，温度 5～40℃。

技术特性：

① 测量范围和精度：基本量程为 0%～100%，测量精度为±20%，氧分压为 0～100kPa。

② 响应时间：38℃时小于 60s。

③ 电极残余电流：小于 3×10^{-11} A。

④ 仪器零点漂移：2 小时小于等于±2 个字。

8.7.2 使用方法

(1) 调零

按下电源开关，调节"零位"电位器，使数字显示 00.0。

(2) 插入氧电极

如仪器上述步骤已正常，即可在"输入"插座插入已安装好的氧电极。

① 在电极的进样管用注射推入干燥空气（干燥空气的氧含量为 21%），待数字稳定后（约 60s）用"灵敏度"电位器调节，使数字显示为 21.0。

② 将 99.9% 以上的纯氮气以缓慢的速度注入电极进样管数分钟后，用"零位"调节器调节使数字显示为 00.0。

③ 反复 1～2 次通入干燥空气和 99.9% 惰性气体至重现性误差小于读数误差 2.5%，即电极灵敏度校正结束作测量待用。

(3) 测量

将被测气体从电极的进样管缓慢地注入测量室，待数字稳定后，即可直接读出含氧量的百分数。注意校正温度和测量温度应一致，电极应避免震动。

8.8 气相色谱仪

8.8.1 组成和原理

气相色谱分析基本流程如图 8-9 所示，大体分为三个部分。

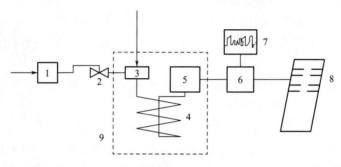

图 8-9　气相色谱基本流程

1—气体净化器；2—调节阀；3—进样器；4—色谱柱；5—检测器；

6—微处理机；7—记录仪；8—打印报告；9—恒温室

8.8.1.1　气流系统

气相色谱是以气体做流动相的色谱过程，此气体通常称载气。气流系统主要是载气和检测器用的助燃气与燃烧气等控制用的阀件，测量用的流量计、压力表以及净化用的干燥管、脱氧管等。

载气由高压气瓶供给，经过减压阀减压输出。由净化管中的吸附剂加以净化，以除去水分和杂质。载气进入仪器后，由稳压阀将载气的压力稳定，稳流阀使流量恒定，经过转子流量计、压力表分别显示流量和压力，再依次进入汽化室（进样器）、色谱柱、检测器及尾气管后，排出系统外。

8.8.1.2　分离系统

分离系统包括进样器、色谱柱、恒温室和有关电气控制部件。

（1）进样器

若被测物为气体，可通过六通阀经过定量管进样；若被测物为液体，要经过汽化室将样品汽化，由温度控制器对汽化室加热至一定的温度并保持此温度恒定。

（2）色谱柱

样品在汽化室中汽化后进入色谱柱，色谱柱的作用是将样品（混合物）中的各组分分开。色谱柱内填充固定相，固定相对样品各组分的吸附和溶解能力不同，也就是说样品各组分在固定相和流动相之间有不同的分配系数，这个分配系数因物质的性质和结构不同而有差异。分配系数较小的组分，被固定相吸附或者溶解的能力较小，移动速度快；反之，分配系数大的组分移动速度慢。只要组分之间分配系数有差异，混合物在两相中经过反复多次的分配，差距会逐渐拉大，最后分配系数较小的组分先流出，分配系数较大的组分后流出，从而使样品中的各组分得到了分离。

(3) 恒温室

包括进样器和色谱柱的恒温系统，用于保持进样器和色谱柱恒定在一定温度。

8.8.1.3　检测、记录和数据处理系统

检测、记录和数据处理系统包括检测器、记录仪、积分仪（或色谱工作站）、微处理机及有关电气部件。常用的检测器有热导检测器。热导检测器的主要部分是热导池，它由金属块体制成。热导池上有 4 个孔，孔内插有热敏元件，一般热敏元件为铼钨丝，四组铼钨丝构成惠斯通电桥，如图 8-10 所示。其中 2 个臂为参考池，即图中 R_1、R_3，另外 2 个臂为测量池，即图中的 R_2、R_4。热导池被温度控制器加热并恒定。在样品未进入系统前，流经测量池和参考池的都是纯载气，调节惠斯通电桥达到平衡，使输出电势为零。在样品进入系统后，载气与被测气体从色谱柱分两路流入检测器，一路是载气与被测气体流经检测器的测量池，另一路是纯载气流经检测器的参考池。由于载气和被测气体（测量池）的热导率与纯载气（参考池）的热导率是不同的，因此在热敏元件上带走了不同的热量，引起其阻值的改变，从而破坏了桥路平衡即 $R_1/R_2 = R_4/R_3$ 条件，在电桥线路上就产生了一个信号（不平衡电势），使非电量转变成了电量，经过放大后送到记录仪留下了样品浓度的函数图形，这就是色谱峰。色谱峰出现的位置与相应组分的保留时间有关，根据保留时间，可定性该组分。色谱峰的面积与相应组分在样品中的含量有关，可通过求峰面积的方法或者由色谱数据处理机、色谱工作站算出样品浓度。

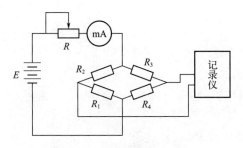

图 8-10　热导检测器原理图

另一常用检测器是氢火焰离子化检测器。

记录仪、积分仪（或色谱工作站）、微处理机是色谱分析的数据处理系统。

8.8.2　SP-6800 A 气相色谱仪操作方法

SP-6800 A 是由单片机控制的有效高性能价格比的气相色谱仪，具有热导池（TCD）、氢焰离子化（FID）2 种检测器，色谱柱有填充柱和毛细管柱，可以进行恒温及程序控制操作。

8.8.2.1 键盘及其操作

温度及检测器（除调零外）由键盘控制。

打开电源总开关，显示器显示 READY，表示自检完成，微机正常，可进入键盘操作。

(1) 键盘介绍

① 功能键

"温度参数"键用于设定温度参数，采用循环方式，一键可设定多个参数。

"加热"键用于启动加热，并循环显示四点温度，用于恒温操作。

"停止"键用于停止加热。

"显示"键用于固定显示某一路温度。

"程升"键用于启动程序升温过程。

"FID 衰减"键用于设定氢焰检测器输出衰减。

"灵敏度"键用于设定氢焰灵敏度。

"TCD 衰减"键用于设定热导输出衰减。

"TCD 桥流"键用于设定热导桥流。

"."用于设定升温速率。

"TCD 极性"用于改变热导输出信号极性。

"FID 极性"键用于改变氢焰输出信号。

② 指示灯

加热灯：处于加热状态。

恒温灯：当已设定路数实际温度，均处于设定点温度的 ±5℃ 以内时，恒温灯亮。

报警灯：当任一路实际温度超过设定温度 15℃ 时，报警灯亮。

初始灯：处于程升初始段。

升温灯：处于程升线性升温段。

终温灯：处于程升终温段。

③ 显示器

由 8 位 16 段的显示器组成，显示字符意义如下：

OVEN 或 OVE 表示柱室。

DETE 或 DET 表示氢焰检测器。

INJE 或 INJ 表示汽化室。

AUX1 或 AUX 表示热导检测器。

I. TIM 表示程升初始时间。

RATE 表示升温速率。

F. TEM 表示程升终温。

F. TIM 表示程升终止时间。

FATT 表示氢焰放大器输出衰减。

SENS. 表示氢焰放大器灵敏度。

TATT. 表示热导控制器输出衰减。

CURR. 表示热导检测器的桥流。

HALT. 表示处于停止加热状态。

（2）键盘操作

① 温度参数的设定及检查

按"温度设定"显示 DETE—— ＊＊＊。此后可设定氢焰检测器的温度，如按"0""9""5"显示 DETE——095，设定检测器温度为 95℃。

再按"温度参数"显示 INJE—— ＊＊＊，可同上设定汽化温度。

再按"温度参数"显示 AUX1—— ＊＊＊，可同上设定热导池温度。

再按"温度参数"显示 OVEN—— ＊＊＊，可同上设定柱室温度。

② 程升参数的设定及检查

按"程升参数"显示 I. TIM. ＝＊＊＊，可设定程升初始时间 1（min）。

按"程升参数"显示 RAT1＝＊＊＊，可设定升温速率，如设定为 0.5℃/min，可以按"0""0""．""5"，注意只有第二位数字输入完以后小数点键才起作用。

按"程升参数"显示 F. TE1＝＊＊＊，可设定程升终温 1。

按"程升参数"显示 F. TM1＝＊＊＊，可设定程升终时 1。

按"程升参数"显示 RAT2＝＊＊＊，可设定程升升温速率 2。

按"程升参数"显示 F. TE2＝＊＊＊，可设定程升终温 2。

③ 恒温操作

在设定完各点温度值后，按"加热"键即可（同时加热灯亮），各路都恒温后，恒温灯亮。注意：升温过程中，也可造成恒温灯短时亮，只有温度稳定后，恒温灯才一直亮着，才可以进行操作。

④ 程升操作

设定完各项参数后，先按"加热"键使柱室处于初温并恒定，然后按"升温"键，即开始程序升温过程。注意：一旦开始程升过程，不准按"加热"键，但可按"显示"键，观察柱室温度；在程升过程中，不准修改程升参数。

⑤ 停止加热

按"停止"键，停止加热，加热灯灭，程升指示灯灭，但保留设定参数。

⑥ FID 检测器控制

按"FID 衰减"，显示 FATT—— ＊＊＊，表示氢焰的输出衰减，如设定衰减为 1/64，可顺按"0""6""4"，显示 F. ATT——064。再按"FID 衰减"即切换为 1/64。

注意：输出衰减为 2 的倍数，可设定为 1、2、4、8、16、32、64、128。如输入数字为其他数字时，当再按"FID 衰减"后，显示数字仍为以前衰减值（即刚输入的数字不对，按无效处理）。

氢焰输出衰减初始化值为 001，按"灵敏度"显示：SENS. —— ＊，表示 FID 灵敏度状态。对应关系：1 指 10^1，2 指 10^2，3 指 10^3，4 指 10^4。

例如设定为 10^3，可按"灵敏度""3"，"灵敏度"即切换为 10^3。

注意灵敏度仅可设定为 1、2、3、4 挡。输入其他数字时，再按"灵敏度"仍显示以前状态。灵敏度初始值为 4（10^4）。按"FID 极性"显示不变化，改变氢焰输出信号极性。

⑦ 热导检测器控制

热导衰减：操作同氢焰衰减。其初始值为 001。

热导桥流：按"热导桥流"显示 CURR. —— ＊＊＊ 表示热导电流（mA）。如设定为 177 mA 可按"热导桥流""1""7""7""热导桥流"，即可设定为 177mA。

注意：桥流最大设定为 200 mA，200 mA 以上不能设定；初始化为 0mA，按"TCD 极性"可改变热导输出信号的极性。

说明：6800A 具有掉电参数保护功能，温度、程升及检测器灵敏度、衰减一旦设定后，不受关机影响，下次开机后，只需按"加热"即可运行。

8.8.2.2 热导检测器的使用及注意事项

热导检测器采用半扩散结构，100 Ω 铼钨丝，恒流源供电，内置放大。

(1) 使用注意事项

① 载气中应无腐蚀性物质，注意气路净化。

② 使用前应先通载气 10～30min，将管路中的气体赶出去，防止铼钨丝氧化，未通载气时，严防设置桥流，否则会烧坏铼钨丝。

③ 不能用气体直接吹热导检测器，或有较大的气流冲击。

④ 不允许有强烈的机械振动。

⑤ 不能将 TCD 处于风口处，否则影响基线。

⑥ 如果停机，应先关电源，等到热导检测器温度降至100℃以下时，再关气源，这有利于延长铼钨丝寿命。

⑦ 在灵敏度足够的情况下，应降低桥流的使用，这样可提高仪器稳定性，延长 TCD 寿命。

⑧ TCD 的气体流速量应在检测器的放空处，用皂膜流量计测量，一般气体流速 50mL/min，灵敏度较佳。

⑨ 使用不同载气时，不同温度下，桥流允许值见表 8-5。

表 8-5 不同温度下桥流允许值

载气	桥流允许值/mA				
	100℃	150℃	200℃	250℃	300℃
H_2	200	175	150	100	75
N_2	125	100	75	50	25

(2) 使用方法

① 先通载气：调节两个载气支路上稳流阀，使热导放空处流速一致。

② 打开电源开关，选择桥流及衰减。

③ 设定柱室、汽化室及热导温度，启动加热。

④ 待恒温后（恒温灯亮），打开记录仪或色谱工作站，用仪器面板上的 TCD 调零电位器（粗、细调）将基线调至 0.5 mV 处，待基线稳定后进行分析。

⑤ 灵敏度及稳定性测试的测试条件如下。

色谱柱：5％SE30（美国产甲基硅橡胶）作为固定液，Chromosorb P（美国产氧化物混合体，适于分析碳氢化合物）经酸洗和二甲基二氯硅烷处理后作为担体，规格为 60～80 目，柱长 2m，不锈钢柱，柱温 100℃，汽化 100℃，热导检测器 100℃；桥流 175mA，衰减×1；样品苯，进样量 0.3μL。

稳定性：记录仪置于 5mV 挡，175mA 桥流，×1 衰减挡时，基线漂移≤记录仪量程 3%/h。

$$灵敏度：S = \frac{1.065hW_{1/2}KF}{W} \tag{8-8}$$

式中　S——灵敏度，mV·mL/mg；

h——峰高值，mV；

$W_{1/2}$——以分表示的半峰宽，min；

F——载气流速，mL/min；

W——进样量，mg；

K——记录色谱峰时的输出衰减数和记录基线时输出衰减数之比。

【例 8-2】苯峰高 3.8mV，半峰宽 0.058min，柱后流速 50mL/min，进样 0.3μL，进样时输出衰减 64，苯密度 0.88g/mL。计算灵敏度。

解：　　$S = \dfrac{1.065 \times 50 \times 64 \times 0.058 \times 3.8}{0.88 \times 0.3} = 2845 \, (mV \cdot mL/mg)$

8.8.2.3　氢火焰离子化检测器使用及注意事项

(1) 使用注意事项

① 填充柱操作时，应将毛细柱分析时的柱头压调节阀关闭。

② 严格注意气路清洁。

③ 仪器必须良好接地。

④ 三种气体流量需要定值，方法如下。

a. 载气　N_2，减压阀开至 0.35MPa，把稳流阀全打开，调节稳压阀，压力表指示应在 0.25MPa，然后根据需要调节各自的稳流阀。

b. H_2 气路　减压阀开至 0.25MPa，把稳流阀全打开，调节稳压阀，压力表指示应在 0.2MPa，然后根据需要调节各自的稳流阀。

c. 空气气路　减压阀开至 0.35MPa，把稳流阀全打开，调节稳压阀，压力表指示应在 0.2MPa，然后根据需要调节各自的稳流阀。

注意：载气、氢气、空气气路，在出厂都已调好，用户一般不用动。

⑤ 等到恒温灯亮后，方可通气点火，FID 必须使用 N_2、H_2、空气三种气体，同时调节到需要的流速上，点火时，将 H_2 流速调大，点火后，再缓慢调至所需值上。

H_2、空气流速从仪器所带的压力-流量曲线图上查出。载气流速，从仪器左侧面上的转子流量计上读取，用仪器带的转子流量计的高度-流量曲线查得载气流量。

N_2 流速和 H_2 流速比值一般为 1∶0.9，H_2 流速和空气流速比值一般为 1∶10，灵敏度较佳，基流最少。流过喷嘴的总流速不应超过 100mL/min。

⑥ 氢火焰离子化检测器的温度比柱温要高 40℃，以防止样品在检测器中冷凝。

⑦ 使用氢焰时，严防色谱柱未接到 FID 的柱接头上，而盲目通 H_2！这样会造成柱室充满氢气，一旦开机就会引起爆炸。

(2) 使用方法

① 通气：利用各自的调节阀，将 N_2、H_2、空气调至所需流速，N_2 一般选用 25～

60mL/min，H_2 为 $25\sim50\text{mL/min}$，空气为 $450\sim550\text{mL/min}$。

② 打开电源开关，选择合适灵敏度挡及输出衰减，用面板下方的 FID 调零电位器（粗、细调）调至记录器 0.5mV 处。

③ 设置汽化室、氢焰检测室及柱室温度，并启动加热。

④ 加大 H_2 流速，在氢焰出口处，用电子打火枪点火，点火后仍将 H_2 恢复原值，点火后，基线偏离，可用 FID 调零（粗、细调）调至记录仪原处。

⑤ 在分析条件下（气体流速、放大器挡位、温度）放大器基线稳定后，方可进行分析。

⑥ FID 的敏感度及稳定性测试如下。

稳定性：在基线稳定情况下，1h 后基线漂移 $\leqslant0.15\text{mV/h}$。

敏感度计算公式：

$$D_t = \frac{2NW}{1.065hW_{1/2}K} \tag{8-9}$$

式中 D_t——敏感度，g/s；

      N——实测噪声，mV；

      W——苯进样量，mg；

      h——峰高，mV；

   $W_{1/2}$——半峰宽，s；

      K——记录色谱峰时的输出衰减数和记录基线时输出衰减数之比。

【例 8-3】样品 0.05% 苯/二硫化碳；汽化室 $120℃$，柱温 $80℃$，FID 检测室 $120℃$；载气 N_2 30mL/min，H_2 28mL/min，空气 550mL/min；色谱柱同 TCD，放大器 10^4 挡，衰减 $1/4$；进样量 $0.5\mu\text{L}$，进样时衰减 $1/32$。计算敏感度。

解：设实测峰高 2mV，半峰宽 8.5s，噪声 0.02mV。则

$$D_t = \frac{2\times2\times10^{-2}\times50\times10^{-9}\times0.5\times0.88}{1.065\times2\times8.5\times6} = 8\times10^{-12}\ (\text{g/s})$$

8.9   ZD-2 型自动电位滴定仪

(1) pH 标定

① 将"设置"开关置"测量"，"pH /mV"开关置"pH"。

② 调节"温度"旋钮，使旋钮白线指向对应的溶液温度值。

③ 将"斜率"旋钮顺时针旋到底（100%）。

④ 将清洗过的电极插入 pH 值为 6.86 的缓冲溶液中。

⑤ 调节"定位"旋钮，使仪器显示读数与该缓冲溶液当时温度下的 pH 值相一致。

⑥ 用蒸馏水清洗电极，再插入 pH 值为 4.00（或 pH 值为 9.18）的标准缓冲溶液中，调节斜率旋钮使仪器显示读数与该缓冲溶液当时的温度下的 pH 值相一致。

⑦ 重复步骤⑤~⑥直到不用调节"定位"或"斜率"旋钮为止。此时，仪器完成标定。标定结束后，"定位"和"斜率"旋钮不应再动，直至下一次标定。

(2) 将电极置于被测溶液中，搭好装置，准备滴定

(3) 电位自动滴定

① 终点设定："设置"开关置"终点"，"pH/mV"开关置"mV"，"功能"开关置"自动"，调节"终点电位"旋钮，使显示屏显示设定的终点电位值。终点电位选定后，"终点电位"旋钮不可再动。

② 预控点设定："设置"开关置"预控点"，调节"预控点"旋钮，使显示屏显示设定的预控点电位值。预控点电位值一般大于终点电位值。预控点电位选定后，"预控点"旋钮不可再动。

③ 终点电位和预控点电位设定好后，将"设置"开关置"测量"，打开搅拌器电源，调节转速使搅拌从慢逐渐加快至适当转速。记下滴定管读数。

④ 按一下"滴定开始"按钮，仪器开始滴定，滴定灯闪亮，滴定快速滴下，在接近终点时，滴速减慢。到达终点后，滴定灯不再闪亮，过10s左右，终点灯亮，滴定结束。记下此时滴定管读数。

⑤ 记录滴定管内滴液的消耗读数。

注意：到达终点后，不可再按"滴定开始"按钮，否则仪器将认为另一极性相反的滴定开始，而继续进行滴定。

8.10 J系列计量泵

计量泵广泛用于石油、造纸、原子能技术、发电厂、塑料发泡、医药、水处理、环保、纺织及超临界萃取装置等科研及生产部门。用来向压力容器和管道加压或者精确定量输送液体。其流量在开机（或停机）时从0%～100%范围内无级调节（根据计量泵特性，使用时最小行程一般不小于总行程的30%）。计量泵可输送温度$-30\sim100℃$、液体所含颗粒小于$0.1mm$、黏度为$0.3\sim800mm^2/s$的腐蚀性和非腐蚀性介质。

8.10.1 工作原理

(1) J-W、2J-W、2J-X、2J-XZ型计量泵

该类型号计量泵主要由电机、变速传动箱、调节机构和液缸体等组成。电机动力通过涡轮变速由凸轮及弹簧带动滑杆作往复运动，柱塞安装在滑杆顶端。旋转调量手轮，改变往复行程，以控制流量大小。其结构见图8-11。

(2) J-1.6型计量泵

该型号计量泵主要是由电机、变速传动箱、调节机构和液缸体等组成。电机动力通过涡轮变速，带动连杆由转动变十字头往复运动，柱塞安装在十字头顶端，连动柱塞往复，通过单向阀作用完成吸排过程。旋转调量手轮改变偏心块偏距，调节柱塞行程，以控制流量大小。其结构见图8-12。

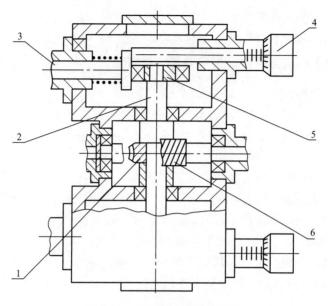

图 8-11　J-W 型计量泵结构图

1—涡轮；2—凸轮轴；3—滑杆；4—调节手轮；5—凸轮；6—蜗杆

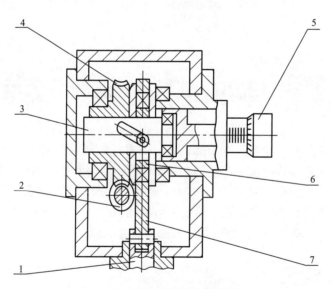

图 8-12　J-1.6 型计量泵结构图

1—十字头；2—蜗杆；3—调节柱；4—涡轮；5—调节手轮；6—偏心块；7—连杆

8.10.2　安装

① 将泵水平安装在高于地面 300 mm 以上的工作台或机架上。将泵的进出口与装置管道可靠连接。

② 参照电机铭牌所示参数接通电源，并可靠接地（电机转向按箭头所指的方向）。在吸入、排出管道上的弯头应采用大圆弧过渡。

③ 系统管件、阀门等的通径应大于或等于泵的进出口通径，但不能超过 1.25 倍，应尽

可能减少弯头以减少液体流动的阻力。

④ 泵的进出口与装置管路连接时，应注意不能将装置管路的重荷加于泵的液缸体上。

⑤ 进口贮藏液面不得高于泵的出口，以免在常压下液体自溢。特殊情况，可以在出口管上加装弹簧止回阀。

8.10.3　使用方法

① 开机前先在计量泵变速箱内加入 N32 机械油，油量以油标中心为准。

② 打开进出口管道上的阀门，启动电机，先以最大行程运行 2~3min，使其液缸体内的空气排尽。

③ 流量的调节：计量泵的流量调节从理论上讲可在 0%~100% 额定流量范围内调节，国家标准 GB/T 7782—2020 规定计量泵的流量精度在额定条件和最大行程处的流量精度应不低于 ±1%。在额定流量 0%~25% 时计量精度下降较大，一般不宜在这些点进行操作。选型时最好考虑泵的操作点在额定流量的 30% 以上。

a. J-1.6、J-ZⅡ 型的计量泵，顺时针转动调量子轮流量增大，反之则减少；其他机型是逆时针转动流量增大，反之流量减少。

b. J-W、2J-W、2J-X、2J-XZ 型计量泵刻度圆筒上所示读数为柱塞行程尺寸；J-ZⅡ 机型用调量表指示流量，其他机型刻度圆筒上所示读数为全行程的百分数。

c. 各机型全行程的调量圈数，见表 8-6。

表 8-6　各机型全行程的调量圈数

机型	J-ZⅡ	J-1.6/ J-5.0	J-XZ	其他各机型
全行程圈数	10	16	25	20

d. 计算调节器至某处位置时的流量是：

$$\frac{S'}{S} \times Q \tag{8-10}$$

式中　S'——某处行程数（百分数）；

　　　　S——全行程（或 100%）；

　　　　Q——满行程流量，L/h。

【例 8-4】已知一台 J-3.2 型计量泵的总行程为 100%，满行程时流量为 200L/h，此时刻度圆上的读数为 40.5，求此时流量。

解：$\dfrac{40.5}{100} \times 200 = 81$　即此时流量为 81L/h。

e. 当需要调节流量时应注意首先将调量处的锁紧松开，调至所需量的数值处再锁紧，以防松动后流量不稳。

④ 检查温升情况，满负荷时电机允许 70℃，传动箱油温不宜超过 70℃。如温升过高，则应停机检查，待排除故障后方可运行。

⑤ 输送的介质内固体颗粒大于 0.1mm，将直接影响计量精度，建议在泵的进出口处安

装过滤器，过滤网的孔径不得大于 0.1mm。

⑥ 对输送悬浊及易产生沉淀和结晶的介质，应在泵的进出口管路附近设置旁路清洗管路，以便保证泵的再运行时工作正常。

⑦ 为保证出口管的安全，应在出口管附近设置安全阀，如需减少输送时产生的脉冲，可在出口管附近安装缓冲罐，以便减少输送时产生的脉冲。

⑧ 柱塞式计量泵在连续工作后，填料密封处会有微量泄漏（GB/T 7782—2020 中有允许泄漏量的规定），应及时调紧填料压帽或更换填料。对易燃易爆使用单位必须采取防范措施。

⑨ 单向阀清洗注意事项

a. 拆下单向阀后切勿用硬物触碰阀座孔口和平面，也不应使阀球受损伤。

b. 清洗液可采用输送介质的溶剂或其他清洗液，如乙醇、汽油等。清洗工具宜用毛刷。

c. 安装时要十分小心，应留意所有阀座工作面均应向上，有锥孔面向下，不能漏装任何一个垫片。

⑩ 润滑油应按要求定期更换，新泵开始使用 1 个月后更换并加以清洗，以后 6 个月一次。

⑪ 泵停用时，请关闭进出口管道的阀门，然后参照使用方法⑨进行清洗。如长期停用，在泵的外露部分涂上防锈油，并加罩遮盖，存放于干燥、无腐蚀气体处。

8.11　无油气体压缩机

(1) 工作原理

接通电源后，开启风机开关，冷却风机开始运转，将冷却风机产生的循环风吸入机箱，使冷却管和压缩机降温。

将面板上压缩机开关开启，压缩机开始运转，空气经进气过滤器、消声器进入压缩气缸。气体被压缩后，经排气阀进入扩张器进冷却管，冷却后的压缩空气在冷却管内凝结出水滴。气流将水滴带至分水滤气器，进行气水分离。经分水后的干燥空气进入储气罐稳压后，再经调压阀调至所需压力值输出。

(2) 操作

① 检查电源是否符合标准，机器位置是否合适。

② 将电源接通后，开启风机开关、压机开关后指示灯亮，机器开始工作。

③ 连接输气管路。将随机输气管一端与本机"气体输出"口连接，另一端接用气设备输入口。

④ 如果连续使用本机器请务必每隔 4 小时放一次水，以保证输出气体干燥。如间歇使用请在关机前放水。

⑤ 停机后，先不拔电源插头，让风机再运行 10～15min，待机箱内温度降低后，再关闭风机开关，最后拔下电源插头。停止工作，请不要忘记拔下电源插头！

⑥ 机箱左侧的进气过滤器要定期清洗，保持进气口通畅，使整机排气量稳定。

(3) 注意事项

① 为保证机器能够长时间正常运转，整机输出压力不得超过 0.3MPa。

② 本型号的无油气体压缩机，是全封闭系统循环结构，所以当遇到突然停机、断电等特殊情况时，应通过手动放气阀放掉系统内的气体，使表压为零时再重新启动。

③ 整机请放置在空气流通的室内，摆放时应注意勿将机器进风口贴近墙壁，以免增加进气阻力，降低分水效果。

附　录

实验室安全警示标志

生物安全	当心感染	易燃液体	易燃气体
易燃固体	自燃物品	遇湿易燃物品	氧化剂
有机过氧化物	剧毒品	毒害品	有毒气体
爆炸品	致癌物质	腐蚀品	当心电离辐射
当心激光	当心微波	高压装置	当心紫外线伤害

必须穿防护服	必须戴防护手套	必须戴防护眼镜	必须戴防护帽
必须戴防护口罩	必须戴防毒面具	注意通风	佩戴防护面罩
禁止烟火	禁止饮食	禁止堆放	非请勿进
注意安全	当心触电	当心低温	当心高温
当心火灾	当心伤手	当心磁场	当心机械伤人

实验报告撰写要求

1. 实验前认真预习实验教材及实验指导书。

2. 实验中，认真精心操作，仔细记录数据，遵守实验室各项规章制度，注意实验安全。

3. 实验完毕后，及时处理实验数据和完成实验报告。实验报告要求用本人实验的原始数据，数据作图要求用坐标纸；要画流程图；数据表格填写要求齐全、规范。

化工类专业综合实验报告成绩单

班级学号：＿＿＿＿＿＿＿＿＿

姓　　名：＿＿＿＿＿＿＿＿＿

评阅小结

实验序号	实验名称	评阅得分
实验 1	二元体系汽液平衡数据的测定	
实验 2	三组分体系液液平衡数据的测定	
实验 3	二氧化碳临界现象观测及 p–V–T 关系的测定	
实验 4	气相色谱法测定无限稀释溶液的活度系数	
实验 5	气相扩散系数的测定	
实验 6	连续均相反应器停留时间分布的测定	
实验 7	非稳态法测定颗粒物料的导温系数	
实验 8	传质传热类比实验	
实验 9	气升式环流反应器流体力学及传质性能的测定	
实验 10	催化剂内扩散有效因子的测定	
实验 11	液固催化反应动力学测定	
实验 12	液–液萃取实验	
实验 13	环己烷液相催化氧化制环己酮	
实验 14	乙苯脱氢制苯乙烯	
实验 15	邻二甲苯气相氧化制取邻苯二甲酸酐	
实验 16	萃取精馏制无水乙醇实验	
实验 17	离子交换制备钛酸钾晶须实验	
实验 18	制药污泥碱催化湿式氧化实验	
实验 19	制浆造纸污泥水热脱水实验	
实验 20	废水中纳米颗粒膜法回收实验	
实验 21	膜法用于分离 $VOCs/N_2$ 实验	
实验 22	废水临氧裂解实验	
实验 23	电化学嵌脱法回收锂离子实验	
实验 24	乙酸乙酯皂化反应动力学研究	
总评分：		

目　　录

"化工类专业实验" 安全承诺书

化学药品中，很多是易燃、易爆、有腐蚀性或毒性的危险品，所以进行化学化工实验时，必须高度重视安全问题，严格遵守下列实验安全守则：

1. 在实验室工作的所有人员都必须坚持安全第一、预防为主的原则，都应该熟悉实验室各项安全制度。掌握消防安全知识、化学危险品安全知识和化学化工实验室安全操作规程。实验室安全负责人应定期进行安全教育和检查，实验课指导教师有责任对学生进行实验前的安全教育，并要求学生遵守各项实验安全制度。

2. 学生在实验前必须充分了解本实验中的安全注意事项，了解哪些药品是危险品，哪些化学反应是有危险性的，并牢记操作的安全注意事项。各类新进实验室做实验的人员均应经过安全培训和考核后方能进入实验室进行实验。

3. 实验室内严禁吸烟。

4. 实验人员应熟悉实验室内各类水、电、气总开关所在位置及使用方法。遇到停水、停电、停气等事故，或使用完水、电、气后使用者必须关闭各类开关。

5. 实验人员应熟悉安全设施（如灭火器、灭火砂箱、急救药箱、紧急喷淋或洗眼器等）的位置及使用方法；应熟悉疏散通道及自己所处位置的疏散方向。

6. 各类气体钢瓶使用要求严格按照规程操作，要有钢瓶架，在使用时应随时注意是否漏气，经常要用肥皂水检漏，一有漏气立即关闭总阀，打开窗户通风。

7. 进行具有危险性的化学化工实验操作时必须具备足够的安全防备及防护措施，要了解并熟悉实验室应急预案。

8. 实验进行过程中操作者不得随意离开实验室。在化学化工实验室内不得食用食品、饮料等，以防中毒。

9. 实验室化学药品及试剂的管理应按照公安部门及学校有关各类危险品、易爆品、易制毒化学药品管理制度执行。

10. 实验进行中及实验结束后，严禁向下水道内倾倒化学废液。废液要放入专门的废液桶内，学校会定期上门收取后送到专门机构统一处理。

本承诺人已阅读上述实验室安全知识，并承诺遵守实验室各项安全工作守则。

承诺人（签字）：_____ 日期：_____年_____月_____日

实验 1 二元体系汽液平衡数据的测定

一、实验目的

1. 了解二元体系汽液相平衡数据的测定方法，掌握改进的 Rose-Williams 平衡釜的使用方法，测定大气压力下乙醇（1）-环己烷（2）体系 t-p-x_i-y_i 数据。

2. 确定液相组分的活度系数与组成关系式中的参数，推算体系恒沸点，计算出不同液相组成下两个组分的活度系数，并进行热力学一致性检验。

3. 掌握恒温浴使用方法和用阿贝折射仪分析组成的方法。

二、实验原理（简述）

三、实验装置和流程（给出文字说明和简图）

四、实验数据记录

表1 改进的 Rose-Williams 型平衡釜操作记录

实验日期：_____室温：_____大气压：_____kPa

实验序号	投料量	时间	加热电压/V	温度/℃			冷凝液滴速/（滴/min）	现象
				平衡釜	环境	露茎高度		
I	混合液 mL							
II	补加 mL							

表2 折射率 n_D 测定及平衡组成计算结果

测量温度：_____℃

实验序号	汽相样品折射率 n_D					液相样品折射率 n_D					平衡组成	
	1	2	3	4	平均	1	2	3	4	平均	汽相 y_1	液相 x_1

五、实验数据处理

2

六、实验结果分析

1. 实验误差讨论
2. 思考题选答
3. 建议

指导教师（签名）＿＿＿＿＿＿评阅意见＿＿＿＿＿＿日期＿＿＿＿＿＿

实验 2　三组分体系液液平衡数据的测定

一、实验目的

1. 熟悉用三角形相图表示三组分体系组成的方法。
2. 掌握用浊点法和平衡釜法测定液液平衡数据的原理和实验操作，测绘环己烷-水-乙醇三组分体系液液平衡相图。
3. 掌握使用气相色谱仪分析组成的方法。

二、实验原理（简述）

三、实验仪器与试剂

5

四、实验数据记录

表1 浊点法测液液平衡数据

室温：_____   大气压：_____

序号	体积/mL					质量/g				质量分数/%			终点记录
	环己烷（合计）	水		乙醇	合计	环己烷	水	乙醇	合计	环己烷	水	乙醇	
		新加	合计	新加	合计								
1	2	0.1											清
2	2			0.5									浊
3	2	0.2											清
4	2			0.9									浊
5	2	0.6											清
6	2			1.5									浊
7	2	1.5											清
8	2			3.5									浊
9	2	4.5											清
10	2			7.5									浊

表2 平衡釜法测定液液平衡数据

平衡温度：_____ ℃

序号	加料量/g			总组成/%			上层组成/%			下层组成/%		
	环己烷	水	乙醇	环己烷	水	乙醇	环己烷	水	乙醇	环己烷	水	乙醇
1												
2												
3												

五、实验数据处理（给出计算结果，给出三角形相图）

6

六、实验结果分析

1. 实验误差讨论
2. 思考题选答
3. 建议

指导教师（签名）＿＿＿＿＿＿评阅意见＿＿＿＿＿＿日期＿＿＿＿＿＿

实验 3 　二氧化碳临界现象观测及 $p-V-T$ 关系的测定

一、实验目的

1. 观测 CO_2 临界状态现象，增加对临界状态概念的感性认识。

2. 加深对纯流体热力学状态即汽化、冷凝、饱和态和超临流体等基本概念的理解。

3. 测定 CO_2 的 $p-V-T$ 数据，在 $p-V$ 图上绘出 CO_2 等温线。熟悉用实验测定真实气体状态变化规律的方法和技巧。

4. 掌握低温恒温浴和活塞式压力计的使用方法。

二、实验原理 （简述）

....

....

....

....

....

三、实验装置及流程 （简述，不画流程图）

....

....

....

....

....

....

....

....

四、实验数据记录及计算

1. 质画比常数 K 测量

25℃、7.8MPa 时，CO_2 比体积 $V = 0.00124 m^3/kg$

液座高度 $\Delta h_0 =$ 　　m，$K = \dfrac{m}{A} = \dfrac{\Delta h_0}{0.00124} =$

2. 数据记录表

表 1 不同温度下 CO_2 的 p、V 数据测定结果

室温：_____ 大气压：_____ 质面比常数 K = _____ h_0 = _____

序号	$T = 25℃$				$T = 31.1℃$（临界）				$T = 40℃$			
	p(绝压)/MPa	Δh/cm	$V = \Delta h/K$/（m³/kg）	现象	p(绝压)/MPa	Δh/cm	$V = \Delta h/K$/（m³/kg）	现象	p(绝压)/MPa	Δh/cm	$V = \Delta h/K$/（m³/kg）	现象
1												
2												
3												
4												
5												
6												
7												
8												
9												
10												
11												
12												
进行等温线实验所需时间												
			min				min				min	

注：绝对压力=大气压+表压。

表 2 CO_2 临界比体积 V_c 单位：m³/kg

标准值	实验值	$V_c = RT_c/p_c$	$V_c = 3RT_c/8p_c$
0.00216			

五、实验数据处理

六、实验结果分析

1. 实验误差讨论
2. 思考题回答
3. 建议

指导教师（签名）＿＿＿＿＿＿评阅意见＿＿＿＿＿＿日期＿＿＿＿＿＿

实验 4　气相色谱法测定无限稀释溶液的活度系数

一、实验目的

1. 掌握色谱法测无限稀释溶液活度系数 γ^∞ 的原理，初步掌握测定技能。
2. 熟悉气相色谱仪的构成、工作原理和正确使用方法。
3. 测定给出的两个组分的比保留体积及无限稀释下的活度系数，并计算其相对挥发度。

二、实验原理（简述）

三、实验装置和流程以及试剂

四、实验数据记录

表1 测定保留时间

日期：_____，室温：_____℃，大气压：_____mbar

汽化室温度：_____℃，热导池温度_____℃，桥流_____mA

固定液名称：_____，重量_____g，分子量_____

室温下饱和水蒸气压 p_w _____mmHg

序号	柱温 T/℃	U形管压差计示数 /mmHg	柱前压力（绝压） /mmHg	载气流速 F_0/（mL /min）	保留时间/min 空气	正己烷	正庚烷	丙酮	环己烷	备注
1										
2										
3										
4										
5										
6										
7										
8										
9										

五、实验数据处理

根据表1的结果计算出各样品的柱温下蒸气压、ν_g、γ^∞、α_{ij}，列于表2。同时给出计算实例。

表2 无限稀释活度系数和相对挥发度

序号	溶质	分子式	沸点/℃	Antoine 常数 A	B	C	柱温下蒸气压 /mmHg	比保留体积 /ν_g	γ^∞	相对挥发度 /α_{ij}
1	正己烷	C_6H_{14}	68.7	15.8366	2697.55	-48.78				
2	正庚烷	C_7H_{16}	98.4	15.8737	2911.32	-56.51				
3	丙酮	C_3H_6O	56.0	16.6573	2940.46	-35.93				
4	环己烷	C_6H_{12}	78.0	15.7527	2766.63	-50.50				
5										
6										

六、实验结果分析

1. 实验误差讨论
2. 思考题选答
3. 建议

指导教师（签名）＿＿＿＿＿＿评阅意见＿＿＿＿＿＿日期＿＿＿＿＿＿

实验 5　气相扩散系数的测定

一、实验目的

　　了解利用斯蒂芬扩散管（Stefan Cell）测定气相扩散系数的原理及基本流程。掌握气相扩散系数的测定方法。

二、实验原理（简述）

四、实验数据记录

实验体系：_____ 体系温度：_____℃，大气压：_____ mmHg

序号	累计时间 t/s	测高仪读数 Z_i/cm	$\dfrac{y}{2} = \dfrac{z_0 - z_i}{2}$/cm	$\dfrac{t}{y}$/(s/cm)

注：表中 t 为累计时间，y 为累计下降高度。

五、实验数据处理及误差分析

1. D_{AB} 实验值求取（要求附坐标纸作图）

2. D_{AB} 文献值

3. D_{AB} 计算值

....

....

....

....

....

4. 比较误差

....

....

....

....

....

六、实验结果分析

1. 实验误差讨论
2. 思考题回答（选答）
3. 建议

....

....

....

....

....

....

....

指导教师（签名）_____评阅意见_____日期_____

实验 6　连续均相反应器停留时间分布的测定

一、实验目的

1. 了解停留时间分布实验测定方法及数据的处理方法。
2. 加深对停留时间分布概念的理解。
3. 掌握脉冲示踪法测定反应器内示踪剂浓度随时间的变化关系。
4. 通过实验数据求出反应器的停留时间分布密度函数 $E(t)$ 和停留时间分布函数 $F(t)$、停留时间分布数学特征值（数学期望和方差），并和多级混合模型或轴向扩散模型关联，确定模型参数（虚拟级数 N）。

二、实验原理

三、实验装置和流程（简述）

四、实验数据记录

表1

反应器类型	流量/（L/h）	示踪剂注入体积/mL	反应器装水体积/mL
单釜与三釜串联反应器			
三釜串联反应器			
管式反应器			
滴流床反应器			

表 2

时间 t/s	浓度 $C(t)$	$\sum_0^t C(t)$	$F(t)$	$E(t)$

时间 t/s	浓度 C (t)	$\sum_0^t C$ (t)	F (t)	E (t)

五、实验数据处理

六、实验结果分析

1. 实验误差讨论
2. 思考题回答
3. 建议

指导教师（签名）＿＿＿＿＿＿＿评阅意见＿＿＿＿＿＿日期＿＿＿＿＿＿

实验 7 非稳态法测定颗粒物料的导温系数

一、实验目的

1. 了解非稳态导热测试原理。
2. 掌握用非稳态法测定导温系数的测定方法。
3. 了解装置的结构特点、操作条件和控制参数。

二、实验原理

三、实验装置和流程（简述）

四、实验数据记录

表1 温度−时间实验数据

物料名称：_____ 水浴温度 T_b = _____ ℃ 流量 V = _____ m^3/h

序号	组1		组2		组3		组4		组5	
	时间/s	物料温度/℃	时间/s	物料温度/℃	时间/s	物料温度/℃	时间/s	物料温度/℃	时间/s	物料温度/℃
1										
2										
3										
4										
5										
6										
7										
8										
9										
10										
11										
12										
13										
14										
15										

表2 导温系数 α 处理结果

实验次数 i	1	2	3	4	5
斜率 A					
α_i/（m^2/s）					
平均值 $\bar{\alpha}$					
相对误差					

注：平均值 $\bar{\alpha} = \dfrac{\sum\limits_{i=1}^{n} \alpha_i}{n}$（$m^2/s$）；相对误差 $= \dfrac{|\alpha_i - \bar{\alpha}|}{\alpha}$。

五、实验数据处理

六、实验结果分析

1. 实验误差讨论
2. 思考题回答
3. 建议

指导教师（签名）＿＿＿＿＿＿＿＿评阅意见＿＿＿＿＿＿＿日期＿＿＿＿＿＿＿

实验 8　传质传热类比实验

一、实验目的

1. 了解用极限扩散电流技术（LDCT 法）测定固液传质系数的原理。
2. 掌握用极限扩散电流技术测定垂直垂内液固传质系数的实验方法。
3. 运用传热与传质的类比关系验证三传类比原理。

二、实验原理

三、实验装置和流程

四、实验数据记录

表 1　实验数据记录表

配制的电解液浓度：＿＿＿＿＿＿＿＿

序号	液体流量/（L/h）	液体温度/℃	气体流量/（m³/h）	极限电流/mA

五、实验结果处理

表 2　实验数据处理

传质系数 $k_L/$ (m/s)	传热系数类比值 h / [W/ $(m^2 \cdot K)$]	传热系数计算值 h' / [W/ $(m^2 \cdot K)$]	相对误差

六、实验结果分析

1. 实验误差讨论
2. 思考题回答
3. 建议

....

....

....

....

....

....

....

....

....

....

指导教师（签名）_____评阅意见_____日期_____

实验 9　气升式环流反应器流体力学及传质性能的测定

一、实验目的

1. 了解气升式环流反应器的原理、结构形式及应用领域。
2. 掌握气升式环流反应器流体力学及传质性能的测定方法。
3. 掌握气升式环流反应器的冷模实验方法。
4. 学习利用计算机组态王软件进行化工实验过程的数据采集和数据处理的方法。

二、实验原理

三、实验装置和流程（简述）

四、实验数据记录及处理

1. 气含率 ε 的测量

气量/（m³/h）	H_0/cm	H/cm	ε

计算公式：

$$\varepsilon = （H - H_0）/H$$

式中　H_0——清液层高度；

H——膨胀后高度。

2. 液体循环速度 U_L 的测量

本实验做的是_____（内、外）循环式环流反应器。

气量/（m³/h）	循环距离 L/m	循环时间 T/s	液体循环速度 u_L/（m/s）

对于内循环气升式环流反应器：$L = 2h_{升} + 2\left[\left(r_{外} - r_{内}\right)/2 + r_{内}\right]$

对于外循环气升式环流反应器：$L = 2\left(h + l\right)$

3. 氧体积传质系数 $K_L a$ 的测定

实验日期：_____　　班级、组号：_____　　装置号：_____

序号	气量/（m³/h）	拟合直线公式	方差 R^2	氧体积传质系数 $K_L a$

五、实验结果分析

1. 实验误差讨论
2. 思考题选答
3. 建议

....

....

....

....

....

....

指导教师（签名）_____评阅意见_____日期_____

实验 10　催化剂内扩散有效因子的测定

一、实验目的

1. 了解内、外扩散过程及其对反应的影响。
2. 掌握催化剂内扩散有效因子的概念及其实验测定方法。
3. 了解本征反应动力学的实验测定方法。
4. 了解固定床反应器中床层的温度分布情况。

二、实验原理

三、实验装置和流程

四、实验数据记录

室温：_____℃，大气压：_____MPa，实验日期：_____

表 1

催化剂/g	催化剂目数	填料/g	释释比	总体积/mL	床层高/cm

表 2

序号	氢气流量/（mL/min）	苯流量/（mL/min）	上段温度/℃		中段温度/℃		下段温度/℃	
			设定	实测	设定	实测	设定	实测
1								
2								
3								
4								
5								

表 3

序号	床层温度分布情况					
1	床层长度/cm					
	实测温度/℃					
2	床层长度/cm					
	实测温度/℃					
3	床层长度/cm					
	实测温度/℃					
4	床层长度/cm					
	实测温度/℃					
5	床层长度/cm					
	实测温度/℃					

表4 分析结果

数据序号		$y_1/\%$	$y_2/\%$	$x_A/\%$	$\bar{x}_A/\%$	W/F_{A0} / $(g \cdot h/mol)$
1	(1)					
	(2)					
	(3)					
2	(1)					
	(2)					
	(3)					
3	(1)					
	(2)					
	(3)					
4	(1)					
	(2)					
	(3)					
5	(1)					
	(2)					
	(3)					

五、实验数据处理

六、实验结果分析

1. 实验误差讨论
2. 思考题回答
3. 建议

指导教师（签名）_____ 评阅意见_____ 日期_____

实验 11　液固催化反应动力学测定

一、实验目的

1. 了解甲醇和甲醛合成原理。
2. 掌握反应动力学模型测定的基本原理和方法。
3. 掌握可逆反应中动力学数据的处理方法及动力学方程参数的求取。
4. 掌握测温法在反应动力学研究中的基本原理。

二、实验原理

三、实验装置和试剂

四、实验数据记录

表 1　实验条件

实验日期：　　　气温：　　℃　　大气压：　　MPa

催化剂/g	加热电压/V	搅拌 转速/档	甲醇初浓度 /（mol/L）	甲醛初浓度 /（mol/L）	水初浓度 /（mol/L）	甲缩醛初浓度 /（mol/L）

表 2　泡点温度

序号	1	2	3	4	5	6	平衡
进料流量 Q_0/（L/h）							
进料流量校核值 Q_0/（L/h）							
泡点温度 T/K							

五、实验数据处理

1. 转化率浓度的求取

根据实验数据和转化率泡点关系式求出相应的不同浓度下反应物、产物浓度，将结果列于表 3 中。

表 3　转化率、浓度组成和反应速率

项目	1	2	3	4	5	6	平衡
Q_0/（L/h）							
x_M							
c_M/（mol/L）							
c_F/（mol/L）							
c_D/（mol/L）							
c_W/（mol/L）							
反应速率（$-r_M$）							

2. K、k_1、E_a 的求取

由平衡浓度计算出相应的 K，并由上表计算不同温度下的 k_1。

表 4 不同温度下的 k_1

序号	平衡	1	2	3	4	5	6
T/K							
k_1							
$1/T$							
$\ln k_1$							

由上表结果，将 $\ln k_1$ 与 $1/T$ 进行作图，由线性回归求得 E_a 和 k_0

六、实验结果分析

1. 实验误差讨论
2. 思考题选答
3. 建议

指导教师（签名）＿＿＿＿＿＿评阅意见＿＿＿＿＿＿日期＿＿＿＿＿＿

实验 12 液-液萃取实验

一、实验目的

1. 了解液-液萃取原理和实验方法。
2. 了解转盘萃取塔的结构、操作条件和控制参数。
3. 掌握评价传质性能的传质单元数和传质单元高度的测定和计算方法。

二、实验原理（简述）

三、实验装置、流程及主要测定手段（简述）

四、实验数据记录

实验数据记录表

体系温度：_____℃　　萃取相：_____　　萃余相：_____

塔高：_____cm　　水油体积流量比：_____

氢氧化钠浓度 x_{NaOH} = _____mol/mL

序号	操作参数				滴定用 NaOH/mL	
	流量/（L/h）		累计时间/min	转速/（r/min）	出塔水 ΔV_1	平衡 ΔV_2
	水流量	油流量				
1						
2						
3						
4						
5						
6						
7						
8						
9						

五、实验数据处理

六、实验结果分析

1. 实验误差讨论
2. 思考题选答
3. 建议

指导教师（签名）＿＿＿＿＿＿评阅意见＿＿＿＿＿＿日期＿＿＿＿＿＿

实验 13　环己烷液相催化氧化制环己酮

一、实验目的

1. 了解烃液相催化氧化的反应特点和影响因素、气液反应器的特点。
2. 掌握气液反应的一般规律和环己烷液相氧化的实验技术。
3. 认识均相络合催化在化学工业中的重要意义。

二、实验原理（简述）

三、实验装置及流程

───────────────────────────────

四、实验数据记录

表1 实验数据

实验日期：_____ 气温：_____℃ 大气压：_____MPa

时间/min	进料量 W_0/g	出料量 W_1/g	温度/℃	压力/MPa	流量/（L/h）

表2 色谱分析数据记录

编号	样品量/g	异辛醇/g	$A_{烷}$	$A_{酮}$	$A_{醇}$	$A_{内}$
1						
2						
3						

五、实验数据处理

六、实验结果分析

1. 实验误差讨论
2. 思考题选答
3. 建议

指导教师（签名）＿＿＿＿＿＿评阅意见＿＿＿＿＿＿日期＿＿＿＿＿＿

实验 14　乙苯脱氢制苯乙烯

一、实验目的

1. 掌握乙苯气相催化脱氢制备苯乙烯的过程，明确乙苯脱氢操作条件对产物收率的影响。
2. 熟悉反应器、加料泵、汽化器等结构特点和使用方法。
3. 了解反应温度控制和测量方法以及加料的控制与计量。
4. 了解反应物的分析测试方法。

二、实验原理

三、实验装置和流程

四、实验数据记录

表 1　实验数据记录

| 反应时间/min | 反应温度/℃ | 乙苯加入量 | | | | 粗产品（烃层液）/g |
		进料流量/（mL/h）	进料时间/s	进料泵流量相对校正因子	乙苯质量/g	

表 2　烃层液分析结果

| 反应温度/℃ | 烃层液质量/g | 苯 | | 甲苯 | | 乙苯 | | 苯乙烯 | |
		含量/%	质量/g	含量/%	质量/g	含量/%	质量/g	含量/%	质量/g

五、实验数据处理

六、实验结果分析

1. 实验误差讨论
2. 思考题选答
3. 建议

指导教师（签名）_____评阅意见_____日期_____

实验 15　邻二甲苯气相氧化制取邻苯二甲酸酐

一、实验目的

1. 了解气相催化氧化制取含氧有机化合物的原理和方法。
2. 掌握气–固相催化反应的实验技术。
3. 认识催化作用在化学品合成中的重要意义。

二、实验原理

三、实验装置及流程

四、实验数据记录

实验数据记录

$W_1 = $ _____g, $W_2 = $ _____g, $V_1 = $ _____mL, $V_2 = $ _____mL

时间/min	空气流量/（L/h）	邻二甲苯流量/（mL/h）	汽化器温度/℃	反应温度/℃

五、实验数据处理

六、实验结果分析

1. 实验误差讨论
2. 思考题选答
3. 建议

指导教师（签名）＿＿＿＿＿＿评阅意见＿＿＿＿＿＿日期＿＿＿＿＿

实验 16　萃取精馏制无水乙醇实验

一、实验目的

1. 熟悉萃取精馏的原理和萃取精馏装置。
2. 掌握萃取精馏塔的操作方法和乙醇–水混合物的气相色谱分析法。
3. 利用乙二醇为分离剂进行萃取精馏制取无水乙醇。
4. 初步掌握用计算机采集和控制精馏操作参数的方法。

二、实验原理

三、实验装置及流程

四、实验数据记录

表1　间歇精馏塔操作记录

实验日期：＿＿＿＿＿＿＿　室温：＿＿＿＿＿＿＿　大气压：＿＿＿＿＿＿＿

塔釜加料量 = ＿＿＿＿＿＿＿ g　原料醇含量 = ＿＿＿＿＿＿＿ %

时间	釜加热包		塔身保温		操作温度/℃		釜压	回流比	塔顶产物组成/%	塔釜产物组成/%	备注
	温度/℃	电流/mA	温度/℃	电流/mA	塔釜	塔顶					

表2　萃取精馏塔操作记录

实验日期：＿＿＿＿＿＿＿　室温：＿＿＿＿＿＿＿　大气压：＿＿＿＿＿＿＿

塔釜加料量 = ＿＿＿＿＿＿＿ g　原料醇含量 = ＿＿＿＿＿＿＿ %

乙二醇中水含量 = ＿＿＿＿＿＿＿ %

时间	釜加热包		塔身保温						操作温度/℃			釜压	进料量/(mL/min)		回流比	溶剂比	塔顶产物组成/%	塔釜产物组成/%	备注
			上		中		下												
	温度/℃	电流/mA	温度/℃	电流/mA	温度/℃	电流/mA	温度/℃	电流/mA	塔釜	塔中	塔顶		原料	溶剂					

五、实验数据处理

六、实验结果分析

1. 实验误差讨论
2. 思考题选答
3. 建议

指导教师（签名）_____评阅意见_____日期_____

实验 17　离子交换制备钛酸钾晶须实验

一、实验目的

1. 了解钛酸钾晶须的优异性能和广泛用途，了解限制钛酸钾晶须大规模生产的因素。
2. 了解 pH 值对四钛酸钾离子交换过程的影响。
3. 掌握以四钛酸钾晶须为原料通过离子交换获得六钛酸钾晶须的方法。
4. 掌握恒温水浴、pH 计等仪器的使用方法。

二、实验原理

三、实验装置和试剂

四、实验数据记录

通入 CO$_2$ 后悬浮液 pH 值变化数据

实验日期：_____ 室温：_____℃ 大气压_____kPa

序号	时间/min	pH 值	序号	时间/min	pH 值
1			9		
2			10		
3			11		
4			12		
5			13		
6			14		
7			15		
8					

五、实验数据处理

六、实验结果分析

1. 实验误差讨论
2. 思考题选答
3. 建议

指导教师（签名）＿＿＿＿＿＿评阅意见＿＿＿＿＿＿日期＿＿＿＿＿＿

实验 18　制药污泥碱催化湿式氧化实验

一、实验目的

1. 了解碱催化湿式氧化技术，了解制药污泥安全处置的具体操作流程。
2. 确定湿式氧化影响制药污泥化学需氧量（COD）、总氮、总磷的因素。
3. 掌握气瓶、真空泵、阀门、反应釜、快速检测测试包的使用方法。

二、实验原理

三、实验装置和试剂

四、实验数据记录

实验数据记录表

实验编号	反应时间 t/h	反应温度 T/℃	COD/（mg/L）	总氮/（mg/L）	总磷/（mg/L）

五、实验数据处理

六、实验结果分析

1. 实验误差讨论
2. 思考题选答
3. 建议

指导教师（签名）＿＿＿＿＿评阅意见＿＿＿＿＿日期＿＿＿＿＿

实验 19　制浆造纸污泥水热脱水实验

一、实验目的

1. 了解水热法处理造纸污泥脱水技术，了解水热法用于污泥水热处理的具体操作流程。

2. 确定影响制浆造纸污泥结合水分离的因素，通过控制操作条件，计算制浆造纸污泥结合水脱离率。

3. 掌握气瓶、真空泵、阀门、反应釜、气相色谱仪的使用方法。

二、实验原理

三、实验装置和试剂

四、实验数据记录

实验数据记录表

实验编号	反应时间 t/h	反应温度 T/℃	污泥浓度 /（mg/L）	沉降度 SV_{30}/%	沉降时间 t/s	污泥体积 指数

五、实验数据处理

六、实验结果分析

1. 实验误差讨论
2. 思考题选答
3. 建议

指导教师（签名）＿＿＿＿＿＿评阅意见＿＿＿＿＿＿日期＿＿＿＿＿＿

实验 20　废水中纳米颗粒膜法回收实验

一、实验目的

1. 了解膜分离过程及膜装置的组成，掌握膜装置的组装、拆卸、清洗及膜法回收装置的使用方法，测定进出水浊度等数据。
2. 计算膜通量、浓缩倍数等数据。
3. 对比进、出水浊度的变化，掌握浊度仪的使用方法。

二、实验原理

三、实验装置

四、实验数据记录

时间	透过液体积/L	取样耗时/h	进膜压力/MPa	出膜压力/MPa	膜面流速/（m/s）	温度/℃	通量/LHM	透过液体积/L	浓缩倍数

五、实验数据处理

六、实验结果分析

1. 实验误差讨论
2. 思考题选答
3. 建议

指导教师（签名）_____评阅意见_____日期_____

实验 21　膜法用于分离 VOCs/N₂ 实验

一、实验目的

1. 了解膜法 VOCs 分离回收技术，了解膜法用于 VOCs 的具体操作流程。

2. 确定影响膜法影响 VOCs 分离的因素，通过控制操作条件，计算 VOCs 的渗透率和选择性。

3. 掌握气瓶、真空泵、阀门、气相色谱仪的使用方法和膜组件的组成。

二、实验原理

三、实验装置和试剂

四、实验数据记录

表 1　片式膜性能测试数据

操作时间/min	0	1	3	5	7	9	11	13
环己烷浓度								
操作时间/min	15	17	19	21	23	25	27	29
环己烷浓度								

表 2　管式膜性能测试数据

操作时间/min	0	1	3	5	7	9	11	13
环己烷浓度								
操作时间/min	15	17	19	21	23	25	27	29
环己烷浓度								

五、实验数据处理

六、实验结果分析

1. 实验误差讨论
2. 思考题选答
3. 建议

指导教师（签名）_____评阅意见_____日期_____

实验 22　废水临氧裂解实验

一、实验目的

1. 了解染料废水临氧裂解技术安全处置的具体操作流程。
2. 确定临氧裂解影响染料废水安全处置的因素。
3. 掌握气瓶、真空泵、阀门、临氧裂解设备的使用方法。

二、实验原理

三、实验装置和试剂

四、实验数据记录

实验数据记录表

序号	反应时间 t/h	反应温度 $T/°C$	溶液吸光度	染料降解效率/%

五、实验数据处理

六、实验结果分析

1. 实验误差讨论
2. 思考题选答
3. 建议

指导教师（签名）＿＿＿＿＿＿评阅意见＿＿＿＿＿＿日期＿＿＿＿＿＿

实验 23　电化学嵌脱法回收锂离子实验

一、实验目的

1. 掌握电化学提锂原理，了解正极材料（以 $LiFePO_4$ 为例）对电化学提锂性能的影响。

2. 了解循环伏安法测试，掌握氧化还原峰电流与扫描速率（$\nu^{1/2}$）之间的线性关系，计算锂离子扩散系数。

3. 了解恒流充放电测试（以 LiCl 为例），掌握电化学提锂耗能的测算及影响因素。

4. 考察电化学提锂体系的工作电极材料对锂离子的选择性。

二、实验原理

三、实验装置和试剂

四、实验数据记录

表1 锂离子扩散系数测试数据

峰参数	扫描速率/（mV/s）	
	不含锂卤水	含锂卤水
$I_{氧化}$/mA		
$E_{氧化}$/V		
$I_{还原}$/mA		
$E_{还原}$/V		

表2 锂离子选择性测试数据

还原峰	溶液类型	
	不含锂卤水	含锂卤水
$I_{还原}$/mA		
$E_{还原}$/V		

表3 电化学提锂耗能测试数据

溶液	恒流充放电参数	
	充放电电流/mA	充放电时间/min
含锂卤水		

五、实验数据处理

六、实验结果分析

1. 实验误差讨论
2. 思考题选答
3. 建议

指导教师（签名）＿＿＿＿＿＿评阅意见＿＿＿＿＿＿日期＿＿＿＿＿＿

实验 24　乙酸乙酯皂化反应动力学研究

一、实验目的

1. 掌握化学动力学的某些概念。
2. 测定乙酸乙酯皂化反应的速率常数。
3. 熟悉电导率仪的使用方法。

二、实验原理（简述）

三、实验装置和流程

四、实验数据记录

1. NaOH 溶液的滴定数据

实验日期：＿＿＿＿＿＿＿　室温：＿＿＿＿＿＿＿　大气压：＿＿＿＿＿＿＿

滴定实验编号	1	2	3	
邻苯二甲酸氢钾质量/kg				
NaOH 溶液用量/mL				
NaOH 溶液浓度/（mol/dm^3）				
NaOH 溶液浓度均值/（mol/dm^3）				

2. 电导率的测定

实验温度：＿＿＿＿＿＿＿℃

时间/min	L_t	时间/min	L_t

82

实验温度：_____℃

时间/min	L_t	时间/min	L_t

实验温度：_____℃

时间/min	L_t	时间/min	L_t

五、实验数据处理

六、实验结果分析

1. 实验误差讨论
2. 思考题回答
3. 建议

指导教师（签名）＿＿＿＿＿＿＿评阅意见＿＿＿＿＿＿＿日期＿＿＿＿＿＿＿